编号：2017-2-024

“十三五”江苏省高等学校重点教材

大数据管理与应用专业系列教材

大数据管理与应用导论

主　　编：曹　杰　李树青

副主编：蒋伟伟　陈俊鹏　刘光徽　苏　震

　　　　郑怀丽　周挽澜

科 学 出 版 社

北 京

编号：2017-2-024

内 容 简 介

　　大数据管理与应用主要以信息科学、计算机科学和管理科学等学科为理论基础，其研究内容包括大数据科学基础理论、大数据预处理、大数据计算、大数据管理和分析等。本书力图通过对大数据科学相关数据管理方面内容的综合介绍，面向大数据时代的电子商务智能数据计算领域，从大数据采集、大数据预处理、大数据存储与计算、多源异构大数据分析、大数据知识融合技术和大数据的应用管理等方面说明大数据管理与应用的主要研究内容和应用方向。

　　本书可以作为高等学校大数据管理与应用、计算机应用、信息管理等专业的本科生和研究生教材，还可以作为 MBA、软件工程硕士等专业的教学用书，也可以供相关技术人员、管理人员参考。

图书在版编目（CIP）数据

大数据管理与应用导论 / 曹杰，李树青主编. —北京：科学出版社，2018.11

大数据管理与应用专业系列教材

ISBN 978-7-03-058688-9

Ⅰ . ①大… 　Ⅱ . ①曹… 　②李… 　Ⅲ . ①数据管理–高等学校–教材

Ⅳ . ①TP274

中国版本图书馆 CIP 数据核字（2018）第 202523 号

责任编辑：郝　静 / 责任校对：郑金红

责任印制：吴兆东 / 封面设计：蓝正设计

科 学 出 版 社 出版

北京东黄城根北街 16 号

邮政编码：100717

http://www.sciencep.com

北京虎彩文化传播有限公司 印刷

科学出版社发行　各地新华书店经销

*

2018 年 11 月第 一 版　开本：787×1092　1/16

2023 年 9 月第六次印刷　印张：10 3/4

字数：254 000

定价：49.00 元

（如有印装质量问题，我社负责调换）

序

随着大数据技术的快速发展，各行各业对大数据管理应用人才的需求日益旺盛。全球管理咨询公司麦肯锡（McKinsey）分析报告显示，预计在 2018 年，数据科学家的缺口在 14 万~19 万人，而懂得如何利用大数据做决策的分析师和经理的岗位缺口将达到 150 万人。

相应地，在教育领域，2017 年在教育部公布的高校新增专业名单中，有 250 所高校成功申请了"数据科学与大数据技术"本科专业。同时，该专业名单中也增设了"大数据管理与应用"的新本科专业。大数据管理与应用专业最早的名称是商务数据科学，由管理科学与工程类专业教学指导委员会于 2015 年设立，在调研课题"新专业建设研究"中提出。课题组经过近两年的工作，详细调查研究了国际教育动态和国内大数据分析人才需求情况，并将课题成果分别在教育部高等学校教学指导委员会 2015 年年会和 2016 年年会上进行报告和讨论，征求全体委员意见和建议。在此基础上，形成了"管理科学与工程类专业教学指导委员会关于增设商务数据科学专业的建议"，并于 2017 年 3 月以专家建议的形式上报教育部高等教育司。考虑到大数据应用范围的广泛性，在《2017年度普通高等学校本科专业备案和审批结果》中，最终确定名称为"大数据管理与应用"。

作为互联网大数据环境下新设的专业方向，大数据管理与应用主要在两个方面形成了较为明显的区别和特点：一是在专业知识方向，侧重于大数据环境下相关数据的应用处理，与当前社会企业需求现实结合更为紧密，因此对学生掌握相关新数据分析工具和方法的要求较高，并能适应海量数据计算的实际应用要求；二是在专业方向定位上，侧重于数据处理这一专门领域，撤除了传统信息管理与信息系统专业中信息系统分析设计和其他信息管理类课程，如信息咨询、信息资源管理等，在数据处理方向，对数据获取、数据整理、数据存储、数据分析和数据管理等大数据处理五大关键环节专门进行了深入探讨和强调。

本书是在作者科研团队多年讲授相关课程和从事相关课题研究的基础上凝练而成，同时也吸收了国内外学者的相关成果。本书从大数据管理应用的各个常见方面，主要对相关技术应用、理论研究、主要问题和典型案例进行了较为全面的阐述，具体包括大数据采集、大数据预处理、大数据存储与计算、多源异构大数据分析、大数据知识融合技术和大数据的应用管理等内容。在理论阐述上力求简洁扼要、深入浅出，在应用介绍上则力求清晰、详尽而不累赘。因此，本书是一本适合管理人员、技术人员、相关专业本科及硕士生学习大数据管理和应用的参考书。全书共分 7 章，其中第 1 章由刘光徽执笔，第 2 章和第 4 章由周挽澜执笔，第 3 章由蒋伟伟执笔，第 5 章由陈俊鹏执笔，第 6 章由苏震执笔，第 7 章由郑怀丽执笔。全书最后由曹杰和李树青统一审定和校对。

本书的写作得到了南京财经大学信息工程学院同仁的大力支持，科学出版社也给予了很大的帮助，在此一并表示感谢！

限于作者水平，书中不足之处在所难免，殷切期望有关专家和广大读者批评指正。

作　者
2018 年 5 月

目　　录

第1章 引　　论

1.1　大数据背景下的智能商务概述

1.1.1　大数据时代的背景

近年来，随着互联网、云计算、移动通信和物联网的迅速发展，数以亿计的用户使互联网服务时时刻刻都在产生巨量的交互。互联网、移动互联网、物联网、车联网、GPS（global positioning system，全球定位系统）、医学影像、安全监控、金融等领域都在疯狂产生着数据：全球每秒钟发送 290 万封电子邮件；每天上传到 Youtube 的视频总时长达 28 800 个小时；Twitter 上每天发布 5 000 万条消息；亚马逊上每天将产生 630 万笔订单；网民每个月在 Facebook 上要花费 7 000 亿分钟；Google 上每天需要处理的数据达 24PB（1PB 等于 100 万 GB）。

根据国际数据公司（International Data Corporation，IDC）做出的估测，数据一直都在以每年 50%的速度增长，也就是说每两年就增长一倍（大数据摩尔定律），并且大量新数据源的出现导致非结构化、半结构化数据爆发式增长，这意味着人类在最近两年产生的数据量相当于之前产生的全部数据量。预计到 2020 年，全球将总共拥有 35 亿 ZB（1ZB 等于 1 万亿 GB）的数据量，与 2010 年相比，数据量将增长近 30 倍。

随着云计算、物联网和移动互联网、社交媒体等新兴信息技术和应用模式的快速发展，信息技术与人类世界政治、经济、军事、科研、生活等方方面面不断交叉融合，全球数据量急剧增加，推动人类社会迈入大数据（big data）时代。大数据时代的到来迅速引起了科技界和企业界甚至世界各国政府的关注。

最早提出大数据时代到来的是全球知名咨询公司麦肯锡。麦肯锡称："数据，已经渗透到当今每一个行业和业务职能领域，成为重要的生产因素。"大数据时代的到来，使要处理的数据量巨大且增速极快，而业务需求和竞争压力对数据处理的实时性和有效性又提出了更高要求，传统的常规技术手段根本无法应对。

在电子商务领域，随着大数据的日益兴起和全方位的发展，相关实践和研究均日益呈现出一些具有重要意义的变化趋势。近十余年来，电子商务的发展大致经历了三次变革。2000 年左右，门户网站和在线零售兴起，电子商务逐渐成为人们生活中不可或缺的购物方式，称为.com 浪潮。2005 年，随着社会网络和移动网络的迅速崛起，紧密联系在一起的社会化商务和移动商务为电子商务带来了深层次的变革，企业与消费者之间的关系趋于平等、互动和相互影响，大量新型商务模式和基于位置的服务如雨后春笋般涌现。线上电子商务的巨大成功促使传统零售业企业开始思索如何转型发展，而线上企业也逐渐陷入单纯线上交易时商业模式难以进一步拓宽的困境。2015 年 8 月，京东以 43 亿元战略入股永辉超市，获取了永辉 10%的股份；阿里以 283 亿元战略入股苏宁云商，以 19.99%的占股成为苏宁的第二大股东。这两个事件说明线上电商企业正在积极寻求线下实体店资源，而线下零售商也正在寻求与线上电商企业在业务、战略、资本等多个层面进行合作。这两种趋势均促使 O2O（online-to-offline，线上到线下）模式的迅速崛起与发展，使得 O2O 模式同时得到拥有在线业务的企业及传统零售企业的广泛关注，并成为富有前景和竞争力的电子商务新兴发展模式。

1.1.2　大数据的概念

大数据是近年来的一个技术热点，历史上，数据库、数据仓库、数据集市等信息管理领域的技术，很大程度上也是为了解决大规模数据的处理问题。被誉为数据仓库之父的 Bill Inmon 早在 20 世纪 90 年代就经常提及大数据。2011 年 5 月，在以"云计算相遇大数据"为主题的 EMC World 2011 会议中，EMC 公司提出了大数据概念。

大数据是指大小超出了常用软件工具在运行时间内可以承受的收集、管理和处理数据的能力的数据集。大数据是由于目前常用软件的存储模式与能力、计算模式与能力不能满足存储与处理现有数据集规模而产生的相对概念。

　　数据中隐藏着许多有价值信息，在以往需要相当多的时间和成本才能提取这些信息，如沃尔玛或 Google 这类企业都要付出高昂的代价才能从大数据中挖掘出有用信息。而当今的各种资源如智能硬件、云架构和开源软件使得大数据的处理更为方便，成本也大幅度降低，即使是在车库中创业的公司也可以用较低的价格租用云服务时间。

　　对于企业来讲，大数据的价值体现在两个方面：分析使用和二次开发。对大数据进行分析能揭示其中隐藏的信息，如零售业中对门店销售情况、地理位置和社会信息的分析能提升对客户的理解。对大数据的二次开发则是那些成功网络公司的长项。例如，Facebook 通过结合大量用户信息，推出高度个性化的定制服务，并创造出一种新的广告模式。这种通过大数据创造出新产品和服务的商业行为并非巧合，Google、Yahoo!、亚马逊和 Facebook 都是大数据时代的创新者。

　　大数据的特征可以用四个"V"来形容。

　　（1）规模性（volume）。大数据的起始计量单位是 P（1 000 个 T）、E（100 万个 T）或 Z（10 亿个 T）。非结构化数据的规模和增长速度，比结构化数据增长快 10~50 倍，是传统数据仓库的 10~50 倍。

　　（2）多样性（variety）。大数据的类型可以包括网络日志、音频、视频、图片、地理位置信息等，具有异构性和多样性的特点，没有明显的模式，也没有连贯的语法和句义，多类型的数据对数据处理能力提出了更高的要求。

　　（3）高速性（velocity）。处理速度快，时效性要求高，需要实时分析而非批量式分析，数据的输入、处理和分析连贯地进行，这是大数据分析有别于传统数据挖掘最显著的特征。

　　（4）价值密度低（value）。大数据价值密度相对较低。随着物联网的广泛应用，信息感知无处不在，信息海量，但价值密度较低，存在大量不相关信息。因此，需要对未来趋势与模式做可预测分析，利用机器学习、人工智能等进行深度复杂分析。而如何通过强大的机器算法更迅速地完成数据的价值提炼，是大数据时代亟须解决的难题。

　　规模性、多样性、高速性、价值密度低是大数据的显著特征，或者说，只有具备这些特点的数据，才是大数据。

　　面对大数据的全新特征，既有的技术架构和路线已经无法高效地处理如此庞大的数据，而对于相关组织来说，如果投入巨大成本采集的信息无法得到及时处理以反馈出有效信息，那将得不偿失。可以说，大数据时代对人类的数据驾驭能力提出了新的挑战，也为人们获得更为深刻、全面的洞察能力提供了前所未有的空间。

1.1.3　大数据融合

大数据融合（big data fusion）是一种数据处理过程，在遵循一定规则的情况下，运用计算机技术对感知数据进行分析、处理，以满足相关决策和任务的需求。

大数据融合包含了三层含义：①数据的全空间。即数据分为确定的和模糊的、全空间的和子空间的、同步的和异步的、数字的和非数字的数据，它是复杂的多维多源的数据，覆盖全频段。②数据的融合。融合不同于组合，组合指的是外部性，融合指的是内部性，它是系统动态过程中的一种数据综合加工处理。③数据的互补过程。数据表达方式的互补、结构的互补、功能的互补、不同层次的互补是数据融合的核心，只有互补数据的融合才可以使系统发生质的飞跃。

大数据融合的本质是运用合适的数据处理算法和融合模式，对多维数据进行处理、融合分析，进一步提高数据质量，从而实现知识提取。

在大数据环境下需要的关键技术主要针对海量数据的存储和运算。大数据融合是最大限度发挥大数据价值的一种手段，它的实现可以使人类对世界的探索和认识向新的深度和广度拓展。不同于传统的数据集成或知识库技术，探索大数据融合需要大跨度、深层次和综合性的研究方法。

面向大数据的数据融合仍然是一个需要深入研究的问题，具体而言，需要在现有的数据集成与融合技术的基础上，结合大数据的异构性、冗余性和相关性等特点，研究大数据的数据融合和集成方法，以有效地解决大数据获取的全面性和一致性问题。

1.1.4　大数据的应用

大数据的类型大致可分为三类：①传统企业数据（traditional enterprise data），包括 CRM Systems 的消费者数据、传统的 ERP（enterprise resource planning，企业资源计划）数据、库存数据以及账目数据等；②机器和传感器数据（machine-generated/sensor data），包括呼叫记录（call detail records）、

智能仪表、工业设备传感器、设备日志、交易数据等；③社交数据（social data），包括用户行为记录、反馈数据等，如 Twitter、Facebook 这样的社交平台上产生的数据。

大数据挖掘商业价值的方法主要分为四种：①客户群体细分，然后为每个群体量身定制特别的服务；②模拟现实环境，发掘新的需求同时提高投资的回报率；③加强部门联系，提高整条管理链条和产业链条的效率；④降低服务成本，发现隐藏线索进行产品和服务的创新。

大数据应用是利用大数据分析的结果，为用户提供决策辅助，发掘潜在价值的过程。从理论上来看，所有产业都会从大数据的发展中受益。但由于数据缺乏以及从业人员本身的原因，第一、第二产业的发展速度相对于第三产业来说会迟缓一些。

1. 大数据在互联网企业的应用

IBM 大数据提供的服务包括数据分析、文本分析、蓝色云杉（混搭供电合作的网络平台）等业务事件处理以及 IBM Mashup Center 的计量、监测和商业化服务。IBM 的大数据产品组合中，最新系列产品的 InfoSphere bigInsights 基于 Apache Hadoop。该产品组合包括 bigInsights 和 bigsheet 软件。bigInsights 是打包的 Apache Hadoop 的软件和服务，用于初始大数据的分析；bigsheet 软件用于帮助客户从大量数据中轻松、简单、直观地提取和批注相关信息，是为金融、风险管理、媒体和娱乐等行业量身定做的行业解决方案。

阿里巴巴基于对大数据价值的沉淀，将集团旗下的阿里金融与支付宝两项核心业务合并，成立了阿里小微金融。另外，为了便于在内部解决数据的交换、安全和匹配等问题，阿里集团还搭建了一个数据交换平台。在这个平台上，各个事业群可以实现数据的内部流转，实现价值最大化。

Oracle 大数据机与 Oracle Exalogic 中间件云服务器、Oracle Exadata 数据库云服务器及 Oracle Exalytics 商务智能云服务器一起组成了甲骨文面向大数据领域的集成化的系统产品组合。

EMC 获得了纽约证券交易所和 Nasdaq 的数据，提供的大数据解决方案包含 40 多个产品。

2. 大数据在金融行业的应用

作为新兴的信息技术，大数据的使用突破了传统金融机构解决信息不对称的方式，互联网金融借助大数据在信息挖掘、分析和预测上的强大功能，抢占传统金融业务、开拓新的市场需求。大数据在金融行业创造着重要的业务价值。随着大数据在金融行业中价值的不断提升，金融体系也逐渐进行着重构。

中国人民银行个人信用评分模型就是大数据挖掘技术在风险管理中的典型应用。该信用评分模型系统称为中国评分（China score）。它由我国信贷结构的七组评分模型组成，目前在各大商业银行运行良好。该评分系统利用全国各大金融机构的所有个人信贷账户的住房贷款、汽车贷款、信用卡等业务的历史信息（人数超过 6 000 万人，数据积累超过 3 年），运用先进的数据挖掘和统计分析技术，通过对消费者的人口特征、信用历史记录、行为记录、交易记录等大量数据进行系统的分析，挖掘出蕴含在数据中的行为模式。

工商银行则运用大数据技术进行客户流失分析和管理。客户流失分析的目的是通过分析现有客户使用产品的各种信息，预测客户在之后一段时期是否会流失，从而为其提供针对性的服务，实施挽留措施。在客户流失分析中，客户的特征主要由活期存款、定期存款、中间业务、贷款业务、贷记卡业务、国际贷记卡业务和客户基本资料这七类信息描述。其中包括客户使用各业务的产品特性、交易行为描述和客户自身的年龄性别等。

大数据在金融行业应用范围较广，其他的典型案例如花旗银行利用 IBM 沃森电脑为财富管理客户推荐产品；美国银行利用客户点击数据集为客户提供特色服务，如有竞争的信用额度；招商银行对客户刷卡、存取款、电子银行转账、微信评论等行为数据进行分析，每周给客户发送针对性广告信息，里面有顾客可能感兴趣的产品和优惠信息。

大数据在金融行业的应用可以总结为以下五个方面：①精准营销，依据客户消费习惯、地理位置、消费时间进行推荐。②风险管控，依据客户消费和现金流提供信用评级或融资支持，利用客户社交行为记录实施信用卡反欺诈。③决策支持，利用决策树技术进行抵押贷款管理，利用数据分析报告实施产业信贷风险控制。④效率提升，利用金融行业全局数据了解业务运营薄弱点，利用大数据技术加快内部数据处理速度。⑤产品设计，利用大数据计算技术为财富客户推荐产品，利用客户行为数据设计满足客户需求的金融产品。

3. 大数据在物联网行业的应用

物联网不仅是大数据的重要来源，还是大数据应用的主要市场。在物联网中，现实世界中的每个物体都可以是数据的生产者和消费者。由于物体种类繁多，物联网的应用也层出不穷。

在物联网大数据的应用上，物流企业应该有深刻的体会。UPS（United Pancel Service，联合包裹速递服务公司）快递为了使总部能在车辆出现晚点的时候跟踪到车辆的位置以及预防引擎故障，在公司的货车上装有传感器、无线适配器和不间断电源。同时，这些设备也方便了公司监督管理员工并优化行车路线。UPS 为货车定制的最佳行车路径是根据过去的行车经验总结而来的。2011 年，UPS 的驾驶员少跑了近 4 828 万千米的路程。

智慧城市是一个基于物联网大数据应用的热点研究项目，迈阿密戴德县就是一个基于物联网大数据的智慧城市样板。美国佛罗里达州迈阿密戴德县与 IBM 的智慧城市项目合作，将 35 种关键县政工作和迈阿密市紧密联系起来，帮助政府领导在治理水资源、减少交通拥堵和提升公共安全方面制定决策时获得更好的信息支撑。IBM 使用云计算环境中的深度分析向戴德县提供智能仪表盘应用，帮助县政府各个部门实现协作化和可视化管理。智慧城市应用为戴德县带来多方面的收益，如戴德县的公园管理部门 2016 年因及时发现和修复跑冒滴漏的水管而节省了 100 万美元的水费。

4. 大数据在医疗健康方面的应用

医疗健康数据是持续、高增长的复杂数据，蕴含的信息价值也丰富多样。对其进行有效的存储、处理、查询和分析，可以开发出其潜在价值，深远地影响人类的健康。例如，安泰保险为了改善对代谢综合征的预测，从千名患者中选择了 102 人来完成实验。在一个独立的实验室内，通过对患者一系列代谢综合征的检测试验结果进行分析，利用最后的结果制订一个高度个性化的治疗方案。这样，患者可以通过服用他汀类药物及减重 5 磅等方式来减少未来 10 年内 50% 的发病率。如果患者体内含糖量高于 20%，医生会建议患者降低体内甘油三酯总量。

西奈山医学中心（Mount Sinai Medical Center）是美国最大最古老的教学医院，也是重要的医学教育和生物医药研究中心。该中心使用来自大数据创业公司 Ayasdi 的技术分析大肠杆菌的全部基因序列（包括超过 100 万个 DNA 变体）来了解菌株为什么会对抗生素产生抗药性。Ayasdi 的技术使用了一种全新的数学研究方法——拓扑数据分析（topological data analysis），来了解数据的特征。

微软的 HealthVault 是一个出色的医学大数据的应用软件，它于 2007 年发布，目标是管理个人及家庭的医疗设备中的个人健康信息。目前已经可以通过移动智能设备录入健康信息，而且还可以从第三方机构导入个人病历记录。此外，其通过提供 SDK 以及开放的接口，支持与第三方应用的集成。

5. 大数据在交通运输方面的应用

目前，交通的大数据应用主要有两个方面。一方面，可以利用大数据传感器数据来了解车辆通行密度，合理进行道路规划，包括单行线路规划；另一方面，可以利用大数据来实现即时信号灯调度，提高已有线路运行能力。科学地安排信号灯是一个复杂的系统工程，必须利用大数据计算平台才能计算出一个较为合理的方案。科学的信号灯安排将会使已有道路的通行能力提高 30%左右。在美国，政府依据某一路段的交通事故信息来增设信号灯，降低了 50%以上的交通事故率。机场可以依靠大数据安排航班起降来提高航班管理的效率，航空公司利用大数据可以提高上座率，降低运营成本。铁路部门利用大数据可以有效安排客运列车和货运列车，提高效率、降低成本。

6. 大数据在教育方面的应用

大数据不仅可以帮助教师在课堂上改善教育教学，在重大教育决策制定和教育改革方面，大数据更是发挥着重要作用。美国利用数据来诊断处在辍学危险期的学生，探索教育开支与学生学习成绩提升的关系，探索学生缺课与成绩的关系。例如，美国某州公立中小学的数据分析显示，在语文成绩上，教师高考分数和学生成绩呈现显著的正相关。也就是说，语文教师的高考成绩与他们现在所教学生的学习成绩有很明显的关系，教师的高考成绩越好，学生的语文成绩也越好。对于这个关系，可以进一步探讨其背后真正的原因。其实，教师高考成绩高低某种程度上是教师的某个特点在起作用，而正是这个特点对教好学生起着至关重要的作用，教师的高考分数可以作为挑选教师的一个指标。如果有了充分的数据，便可以发掘更多的教师特征和学生成绩之间的关系，从而为挑选教师提供更好的参考。

大数据还可以帮助家长和教师甄别出孩子的学习差距和有效的学习方法。例如，美国的麦格劳-希尔教育出版集团就开发出了一种预测评估工具，帮助学生评估他们已有的知识和达标测验所需程度的差距，进而指出学生有待提高的地方。评估工具可以让教师跟踪学生学习情况，从而找到学生的学习特点和方法。有些学生适合按部就班，有些则更适合图式信息和整合信息的非线性学习。这些都可以通过大数据搜集和分析很快识别出来，从而为教育教学提供坚实的依据。在国内，尤其是北京、上海、广州等城市，大数据在教育领域已经有了非常多的应用，如慕课、在线课程、翻转课堂等，其中就应用了大量的大数据工具。

7. 大数据在政府机构的应用

目前，世界上一些国家已经在政府部门开始推广大数据应用。通过分析和比较这些先发国家的大数据应用，我们能了解当前和未来需要大数据应用聚焦和服务的地方，并为其他国家开展大数据应用提供借鉴。

在西班牙首都马德里，整合警察、消防、医疗系统，使救援时间大幅度缩短，巡逻队、消防车、救护车能够在 8 分钟内到达 81% 的突发事件现场；在新加坡，智能交通综合信息管理平台在预测交通流速和流量方面有高达 85% 的准确率，能通过有效的引导和干预，显著提升高峰时段的车辆通行效率；在我国江苏省苏州市，覆盖城乡的信息化防控网络，在警力与人口配比不足万分之十的情况下，使打击处理案件数、刑拘转捕率、技术支撑率均为江苏省最高，实现了"以十抵万"的办案效率。

在公共管理领域，国内外一些先行者已经在运用大数据的方法，通过多渠道的数据采集和快速综合的数据处理，提升治理社会的能力，实现政府公共服务的技术创新、管理创新和服务模式创新。大数据在公共管理领域的应用，不仅使传统难题变得迎刃而解，更成为新时期应对新挑战、解决新问题的必然选择。

利用大数据治国，美国政府早已先行一步，奥巴马认为，数据在未来将是陆权、海权、空权之外的另一种国家核心资产。美国白宫科技政策办公室在 2012 年 3 月发布《大数据研究和发展计划》，同时组建"大数据高级指导小组"，以协调政府在大数据领域的 2 亿多美元投资，这标志着美国把大数据提高到国家战略层面，形成全体动员的格局。

根据麦肯锡的报告，大数据技术可为欧盟 23 个最大的政府公共部门管理活动的成本提供 15%~20% 的下降空间，在未来 10 年每年创造 1 500 亿~3 000 亿欧元的价值，并将公共部门的预计效率提高 0.5 个百分点。

对各个国家和地区大数据实践的研究表明，在以下几个方面，大数据的应用可以进一步协助政府机构发挥职能作用。

（1）重视应用大数据技术，盘活各地云计算中心资产，把原来大规模投资产业园、物联网产业园从政绩工程改造成智慧工程。

（2）在安防领域，应用大数据技术提高应急处置能力和安全防范能力。

（3）在民生领域，应用大数据技术提升服务能力和运作效率，以及提供个性化的服务，如医疗、卫生、教育等部门。

（4）解决在金融、电信等领域中数据分析的问题，虽然一直得到极大的重视，但由于存储能力和计算能力的限制，只局限于对交易型数据的统计分析。

1.1.5 大数据电子商务模式

电子商务是将传统的商务活动转移到网络平台的方式，通过安全和高效的网络信息技术实现了电子商务的各项活动。一般来说双方并不见面，更多是通过 App 或者 Web 浏览器来完成交易。所以，这种商务活动的特点也注定其与大数据时代有着密不可分的关系，而大数据时代的到来也预示着电子商务的新一轮技术革新，如何在技术革新下保持服务水平的增长也是电子商务整个行业急需解决的问题。众所周知，电子商务经济活动的开展需要以市场为导向，其最大目的就是吸引用户，实现自身的经济效益。这就要求电子商务企业在开展经济活动的过程中借助大数据分析总结出一套行业应用垂直标准，从企业的文化战略、产品营销、市场开拓、技术管理等内容出发，促进自身产业结构的转型。

大数据时代下电子商务服务模式有以下几点创新。

1. 个性化的数据导购模式

大数据时代的到来，使得社会对数据的搜集能力有了质的提升，数据的搜集方式也发生了根本性的变化，所搜集到的数据非常准确地反映出市场的真实情况。因此，电子商务在运营过程中一定要充分合理地利用数据信息，加强数据导购，实现个性化的数据导购模式。用户在利用互联网浏览网页的时候，会留下消费痕迹，这些消费痕迹蕴含着非常丰富的数据信息，电子商务平台必须要利用这些数据信息，挖掘出其中隐藏的价值，进行个性化导购。第一，个性化广告。个性化广告是指在分析用户的网页浏览记录、消费记录的情况下，利用数据信息库自动对用户的消费理念和消费习惯进行调查，在相关页面向用户推荐同类型的产品。第二，个性化推荐。用户在网络环境下，面对各式各样的商品，虽然选择很多，但是选择起来却非常困难。个性化推荐要求为用户推荐更多有价值的产品，尽可能地缩短用户选购的时间，将用户从烦琐的商品信息中"拯救"出来。

2. 专业化的数据服务模式

在大数据背景下，数据信息是经济活动开展的基础与核心，电子商务企业若想充分掌握市场信息，就必须对数据信息有所掌握，掌握用户的第一手资料，对所掌握的信息资料进行整合处理。专业人员利用专业数据分析设备对数据进行进一步研究和解读，从中了解用户的需求，包括消费诉求、消费建议、消费习惯等，将这些数据信息转化成有价值的资源，实现数据服务模式上的创新和转变。

3. 低交易成本的商品流通模式

电子商务的到来让人们的商务活动可以突破时间和空间的限制，极大地改变了购物习惯的同时也对物流提出了更高的要求，人们可以随时随地地在网上浏览并购买商品，但有时候也会因为物流不畅造成较差的购物体验。为此电子商务网站也需要调取消费者的消费数据和喜好，针对不同区域、不同类别的消费者推荐物流时间较短、成本较低的商家，从而大大地减少商品在流通环节的时间成本，通过对数据的应用进一步提升消费者的购物体验。

4. 构建垂直细分的服务模式

大数据分析在电子商务的日常运营中具有非常重要的作用。电子商务要借助大数据分析的优势，建立起垂直细分的服务模式。特别是结合当前电子商务行业的发展情况，淘宝、京东、天猫等电子商务网站占据着大量的市场份额，一些小型的电子商务网站要想实现快速发展，就必须要利用大数据分析，从细节着手，专门构建起某一专业领域的销售网站。以某小型电子商务网站为例，在对市场数据进行研究的基础上，了解到用户的年龄结构、地域分布，从中对用户的消费观念、消费习惯进行掌握，实现专业化发展。

1.2　大数据在智能商务中的应用

1.2.1　什么是智能商务

智能商务也称作商务智能，是企业利用现代信息技术收集、管理和分析结构化和非结构化的商务数据和信息，创造和累积商务知识和见解，改善商务决策水平，采取有效商务行动，完善各种商务流程，提升各方面商务绩效，增强综合竞争力的智慧和能力。

作为企业商务活动的全新领域，智能商务不是静态技术软件包的初级组合，而是服务于企业管理与决策，由软件技术组件构成的系统化的解决方案和管理理念。目前，获得广泛共识的商务智能系统框架是由五个层面自上而下构成的层次结构。五个层次中，数据集成层是企业的业务系统，如 ERP、CRM、SCM 等，通过 API 访问系统进行原始数据收集；数据存储层是对来自底层的原始数据进行抽取、转换和装载，保持数据质量和元数据的一致性，经清洗的数据装入数据仓库；功能层是核心层，对存储的数据进行分析，辅助运营，包括联机分析处理（online analytical processing，OLAP）工具、智能商务平台、报表查询工具；组织层是绩效管理、活动监控、前后台信息部门分工的合理分布；战略层是运用平衡计分卡，衡量财务指标与非财务指标，把战略推向执行。

1.2.2   大数据环境下的智能商务应用途径

大数据时代下，非结构化和半结构化的信息迅猛增长，对传统的智能商务系统形成巨大冲击和挑战。一是数据处理问题，大数据时代的信息多产生于互联网，这对商务智能系统的实时处理要求更高，使得更多应用场景的数据分析从离线处理转向近线、在线处理，而数据量的增加并没有显示出与数据价值之间的正相关，反而多种结构数据的存在使得分析前的预处理工作负载过重，对机器硬件和软件都是严峻的考验。二是数据和模式间的矛盾，通常是先有模式，然后在实体中产生数据，而大数据环境下，数据的产生往往要优先于模式的确定，模式需跟随数据的即时变化和增长而不断运动和演变。三是人的因素，一方面，未来竞争信息必须共享，另一方面，个人和组织在面对巨大的竞争压力时，由于缺乏信息共享的激励机制，往往不愿共享。如何把握信息商品和信息共享的边界，既充分保护用户的敏感信息，又创造出更大的商业价值，是智能商务系统需要解决的困境。

大数据环境使企业智能商务要素发生深刻变化，具备良好信息系统架构和存量数据沉淀有助于在大数据环境下占得先机，而建立完善的信息系统架构是智能商务实施成功的基础。

智能商务的大数据应用途径有以下几点。

1. 精准用户定位实施针对性营销

在商务发展模式中，对用户数据的挖掘表示着对市场的细化和精确定位，从而选择有针对性的用户进行营销。通过收集、处理和加工大量的用户交易信息，确定用户群体的消费兴趣和习惯，进而推断用户的下一个消费行为，从而为这些用户制定针对性的营销策略。根据用户的特点进行营销与传统的营销相比会节约营销成本，提升营销的价值，锁定忠诚度较高的消费者，能够拓展更加优秀的消费资源。利用对用户数据的挖掘，商家可以区别用户价值的高低，针对不同价值的用户采用不同的营销策略，从而获得更好的收益回报。

2. 网络平台优化

电商营销中网站平台的页面设置非常重要，网站的内容直接影响着用户的访问交易情况。因此，在用户登录和浏览平台上进行用户数据挖掘能够了解用户的访问习惯，从而为网站平台优化提供参考。电商网站可以通过用户的访问习惯、下单习惯来更改网站的结构和内容，如将用户点击量高和交易量高的产品放置在首页吸引用户的点击。通过对用户浏览数据的挖掘，可以利用网页的关联性与用户的期望值相结合，在用户期望的界面上多添加导航链接，合理安排服务器缓存，减少服务器的响应时间，从而提升用户的满意度。

3. 稳定客户群

通过对用户的数据挖掘能够分析用户的喜好行为，从而利用平台来挖掘和稳定客户关系。在这些数据中针对客户资料进行分析，将客户根据交易背景、兴趣、习惯等进行划分，对用户行为进行预测，可以挖掘出潜在的消费者，并且对已经形成交易关系的客户进行维护，针对价值高的用户提供额外的服务，从而获得更加稳定的客户源。利用数据分析对客户进行预测和推荐非常重要，如当一个用户购买了某种产品并且评价较好时，其会推荐其好友进行关注，这样的客户群体管理有助于商家挖掘更多的潜在客户，并且提升交易客户的稳定关系。

4. 扩展其他增值业务

当商务平台有一定的用户数据后，就可以建立完整的用户数据库。通过对用户数据的分析，商家可以针对用户提供其他的产品，从而增加数据的收入。现阶段大型电商网站都在利用大数据开发新的应用，如淘宝网的数据魔方等。很多商家由于缺少数据难以开发新的业务（如消费信贷），而通过对数据的挖掘，发现其附加的价值，就能够更好地开发新业务，如阿里集团进行的小额信贷业务。

5. 精准开展广告业务

通过对商务用户数据的挖掘可以了解用户的主要消费点，从而为商家的广告宣传提供方向，在用户消费高的地方投入广告，从而实现商家希望的个性化营销。在用户数据库的基础上，建立数据库的概率模型，对用户的交易情况进行概率确定，通过对广告的获取信息来确定哪些是真实的顾客，哪些是潜在的顾客，观察用户对于广告的反应程度可以作为商家投放广告的参考。通过这种概率分析，可以在数据中计算出一个准确的关键词，让商家依照关键词进行广告优化。

6. 产品管理和服务

商务用户数据的挖掘为商家进行准确的营销提供了方案，通过相应用户的需要促进订单生成，通过用户的反馈来进行产品的改进。对用户数据进行分析可以让商家的营销发生改动，如价格和库存的调整等。如果商家能够对用户的数据进行精准分析，就可以通过对用户需求的分析来寻找更多的商机。例如，分析用户的喜好和相关的潜在信息，有助于提升商家的产品质量和服务，从而让商家拥有更高的市场竞争力。

1.2.3 大数据在智能商务领域中的应用分析

由于国外的电子商务模式发展较早，国内的电子商务模式在很大程度上受到国外的影响。下面分别对国内外的智能商务模式发展研究进行分析。

1. 国外智能商务模式发展研究

在国外，电子商务模式已经融入人们的生活中，成功的模式经验值得参考和借鉴。

1）短租网站 Airbnb 电子商务模式

美国的短租网站 Airbnb（Airbed and Breakfast，爱彼迎）是联系有住房需求的在外旅游人士和有空房出租的房主的服务型网站。该网站的基本模式是让想要住宿的客户在此网站上浏览相关房源信息，对心仪房屋进行预定，然后网站将此预定信息传达给房主，房主决定是否接受预定。如果接受了预定，之后房主可以选择与客户之间的付款方式和违约协议。在客户进行消费之后，网站会在规定时间内将其支付的款项支付给房主。如此，短租流程就顺利结束。电子商务模式的 Airbnb 颠覆了传统的酒店住宿模式，改变了人们的租住意识，打造了一个具有竞争力的非酒店住宿市场，将自由式的住房需求和闲置房供给有效地结合在一起，促进了资源的合理利用，也为普通居民创造了商机。此外，Airbnb 是从个人房主手里得到房源，不是房屋中介公司，这种租房模式创造了信任和社区，当然这在一定程度上受益于相对开放的社交因素。虽然 Airbnb 目前所占的市场份额还相对较小，但它的低门槛和低交易费用对房源供给者有很大的吸引力，其市场潜力不可小觑。Airbnb 不能只局限于美国市场，需要找寻更大的发展空间。

2）Zaarly 本地化实时交易平台

Zaarly 作为一款风行美国的手机软件，不仅是一个以需求为驱动的本地化实时交易平台，还是基于位置的个人需求平台，一个以外包为任务的生活服务类网站。用户可以匿名发布自己的日常生活需求，同时输入所在的地理位置、描述需求要求和附上愿意支付的价格，Zaarly 在定位发布者的位置之后，在发布者描述的位置范围之内为其寻找打工者。在这样一个交易市场中，作为买方的发布者和作为卖方的打工者可以相互选择，类似于商品交易市场。Zaarly 平台也可以根据任务进行出价和竞价，当有买卖双方达成交易后，以匿名的方式连接发布者和打工者的手机，双方再分别商谈约定见面和交易的时间和地点。不得不承认，这种以服务为主的电子商务模式在一定程度上方便了有事情亟须去办而自己又没有时间或者地理位置不方便的用户的需求。发布的任务不论大小，可以是取快递、买电影票，也可以是排队、占座，还可以是买电脑、家具等，只要有需求，就可以随时随地发布。就像 Zaarly 的创始人所说的一样，

"它是一个基于地理位置的、实时的、买方驱动的市场"。为了提高用户的诚信度，Zaarly 放弃了最初可以匿名发布任务的方式，相应地增加了一个实名的声望系统，用户可以添加自己的个人信息，同时可以选择信息是否公开。用户完善信息主要是为了提高发布者和打工者身份的可信度，便于交易的达成，以此来提高应用本身的信用。

3）eBay 在线交易平台

创立于 1995 年 9 月的 eBay 在线交易平台以拍卖网站的形式，将买方和卖方联系在一起，它不同于以往规模较小的跳蚤市场，每天都有数百万的商品在平台上刊登、拍卖、出售，不仅包括商品，还包括服务及虚拟物品。在 eBay 网站上，每笔拍卖都要收取佣金，在拍卖成功之后也要收取相应比例的佣金。另外，PayPal 作为 eBay 的网上支付系统也创造了收益。作为一个拍卖网站，一个看似无大价值的物品都有可能通过拍卖找到合适的买家，从而获得可观的收益，这也是 eBay 在国外比较受欢迎的原因所在。

如今，eBay 拥有一亿多名注册用户，有来自全球 29 个国家的卖家，这无疑说明 eBay 拉近了买卖双方的距离，尤其是实现了跨国的买卖，成为世界上最大的电子集市。既然选择走国际路线，就必须跨越语言的障碍，机器翻译是 eBay 的一个技术性战略，其将淘汰逐词翻译，同时在试图研发能通过翻译引擎使关键字与商品描述匹配的功能。移动设备也是 eBay 想要努力的方向，它在 iPhone 应用 eBay Valet 中也建立了手机二手市场。关于 eBay 进入中国市场的进程，中国的淘宝是其最大的竞争者。由于淘宝的交易不收取佣金，对拍卖交易收取佣金的 eBay 失去了竞争力，战略失败。连接买卖双方是 eBay 的出发点，因此，eBay 通过代理机构关注中国卖家的需要，在 2014 年 eBay 联手中国邮政和美国邮政服务，跟中国商品联系起来，同时推出中国买家可以免运费的优惠服务。

2. 国内智能商务模式发展研究

随着国内的智能商务模式融入生活的各个方面，最近几年中国电子商务迅猛发展。

1）团购—O2O 模式的初步创新

2010 年，美国的 Groupon.com 上线；2011 年，中国团购得到了最快的发展。团 800 资讯《2011 年度中国团购行业数据统计报告》显示，国内团购市场 2011 年全年共上线 54 万期团购活动，销售总额超过 110 亿元，相当于 2010 年的 5.5 倍，超过 3 亿人次在团购网站购买了商品或服务。2011 年底到 2012 年上半年是国内团购市场最热闹的时期，从"百团大战"到"千团大战"，电子商务模式被引爆。但盲目跟风所导致的热闹场面并没有使每一个团购网站得到期望的利润，有些只是"赔本赚吆喝"，之后很多团购就销声匿迹了。从团 800 数据来看，2011 年 9 月的确出现了大批团购网站消失的现象，10~12 月网站总数持续下跌至 3 000 多家。团购从之前的盲目扩张经过之后的合理整合，目前质量得到提高，市场交易总额在不断扩大，参团人数也呈现逐年递增趋势，说明团购得到了很多客户的支持，确实融入了很多人的生活。具有代表性的有阿里巴巴、聚划算、美团、大众点评等。

2）智能商务模式在家具企业的成功应用

随着电子商务模式的发展，家具行业也逐渐打破传统的运营模式，走向与电子商务相结合的道路。随着网购的热潮兴起，再加上 2012 年的关税改革，进口家具已经结束了零关税的时代，这对国内的高端品牌家具和家具电商来说无疑是一种机遇。家具电商不断地进入智能商务发展模式，打造符合自身发展情况的线上线下平台，突破了传统电子商务的发展瓶颈。同时越来越多的第三方网络平台在不断地引入家具商家，各大家具电商也在不断地进行线上平台的建设，打造一个个性化、标准化的服务系统。例如，居然之家的"居然在线"，不仅涵盖了材料采购、施工、安装、配送等服务，而且其以家居设计为中心，根据消费者的特点打造具有个性化的产品。智能家居推出的"未来@家"平台，提供未来智慧家庭体验等。总而言之，智能商务模式的发展是家具行业发展的一个契机。

继美乐乐家具品牌撤离淘宝网站开始建立自身的网络销售平台之后，越来越多的品牌家具店引入智能电子商务模式。其中，宜家家居、欧派家居等知名品牌也在不断地构建线上线下平台，并针对这一方面组建专门的团队。从这里可以看出，品牌家具相当重视智能商务模式的发展。除此之外，与中小商户不同，品牌家具有自身发展该模式的优势，如良好的公司运营体制，更多实体体验机会，更多充裕资金的注入，以及消费者的品牌效应，等等。

目前，中国具有智能电子商务模式的家具企业依然屈指可数，所以说家具行业在智能商务模式这方面很有发展潜力。家具行业的特点使其很难像其他商品一样可以通过传统电子商务模式进行营销，而智能电子商务模式刚好给家具企业发展电子商务创造了契机。目前使用智能平台的家具企业并不多，这主要是因为家具企业的线下体验并不能满足消费者选购家具流程的需要，也就是说，消费者选购家具时，首先会全面了解想要购买的家具，然后才会去下订单。

没有一个很好的线上交互体验服务平台，消费者很难完成线上支付的行为。国外家具企业的智能商务模式，如 IKEA（官方商城）、BESPOKE GLOBAL（网上商城）等，都在不同程度上提供线上定制家具的服务平台，这样不仅能够解决消费者难以下单的问题，同时也能够很好地吸引更多的消费者，这将是未来国内家具商务模式发展的趋势。

3）智能商务模式在医药行业的成功应用

目前，医药行业的智能商务模式起步比较晚，这主要是因为药物的特殊性。众所周知，药物对于一个病人来说，不仅是必需品，更是关乎身体健康的重要因素。对于传统的电子商务模式，药物的这个独有的特性严重阻碍了其发展，消费者并不会冒着健康的风险来贪图互联网的便捷与优惠。有关数据显示，2012 年的医药网购只有 15 亿元的规模，与服装、图书、3C 产品相比其市场规模并不大。但是随着智能商务模式的应用，消费者不仅能够在线上购买其所需的药物，更能通过线下体验平台来检查药物的质量，这在一定程度上解决了传统模式在医药行业上的弊端。除此之外，该模式不仅适应消费者的消费习惯，节约消费者的时间，而且能够通过平台随时关注顾客的健康，提高顾客与平台之间的黏性。同时，也在一定程度上减少了药商的宣传成本，能够吸引更多的药商加入，其发展潜力巨大。越来越多药商关注电子商务服务平台的建设，如中国"好药师"推出微信平台的服务营销，对于消费者购买的药物，在购买时有服药提醒，同时在医院就医的时候，微信平台也会相应地提供一些信息服务以节约病人时间等。2015 年医药行业的数据显示，"好药师"的销售额达到将近 3 亿元，这表明做好智能商务模式将是医药行业发展的一个必然趋势。

在面临着机遇的同时，医药行业也面临着挑战，其发展还存在一些问题，但是随着互联网的逐步推进，医药智能电子商务模式也将不断地发展创新，主要有以下几个发展方向：处方药将会实现院外化、商家平台化、信息传播更加精确化、相关数据实现指数化等。

4）智能电子商务模式在食品餐饮业的成功应用

智能电子商务模式可以说是食品餐饮业发展的一个契机。随着人们生活节奏的加快，人们并没有足够的时间到实体店消费，反而倾向于网上订餐、外卖等这种方便、快捷的就餐方式。这种消费方式的转变使很多传统经营模式的商家不得不适应这个时代的潮流，改变自身的经营模式，同时很多电商也在不断地建立网上点餐的平台，如美团网、饿了么等网站。食品餐饮业可以说是智能商业模式应用最普遍的领域，目前主要有三种模式：①基于团购网站的模式，如饭统网、大众点评网等，这主要是用户通过相关团购网站，了解周边饮食特征进行消费的模式；②基于单个企业的平台模式，如肯德基的宅急送，这主要是自身实体店面遍布比较广的企业采用的一种模式，国内的中餐这一模式应用得比较少；③基于电商平台的模式，如饿了么，这主要是一些中小餐馆采用的模式。

　　智能商务模式的发展使得餐饮行业从传统的营销手段向互联网营销转变。餐饮行业传统的营销模式是通过发传单、朋友介绍或者建立区域性的品牌效应进行渠道营销，这样就面临目标群体难以扩大的现状。然而在大数据智能电子商务模式下，可以突破传统的信息传递受局限的瓶颈，通过移动终端进行信息的快速传递。例如，通过建立微信公众号向潜在客户传递菜品的更新信息和当前的优惠活动，并通过微信支付建立预订单库，从而可以及时掌握需求的变化，并以此为基础准备相应的食材，从而可以降低储备成本。同时可以通过免费体验服务建立会员圈，从而扩大自身的潜在客户群，并通过分析客户的消费特征把握客户需求的变化，建立客户消费数据库，从而形成一种全新的营销渠道。

1.2.4　全渠道融合发展成为趋势

　　艾瑞咨询 2016 年数据显示，2016 年中国电子商务市场交易规模预期可达20.2 万亿元，增长了 23.6%，如图 1-1 所示。其中网络购物增长 23.9%，本地生活 O2O 增长 28.2%，成为推动电子商务市场发展的重要力量。

图 1-1　2012~2019 年中国电子商务市场交易规模趋势图

e 表示预期

　　数据显示，2016年电子商务市场细分行业结构中，B2B电子商务合计占比超过七成，B2B电子商务仍然是电子商务的主体；网络购物与本地生活服务O2O市场占比与2015年相比均有小幅提升。2016年中国移动网购市场交易规模达3.3万亿元，同比增长57.9%，增速远高于中国网络购物整体增速（2016年中国网络购物市场交易规模为4.7万亿元，较上年同期增长23.9%）。分析认为，未来几年，中国移动网购仍将保持较快增长，2019年移动网购市场交易规模将超过5.6万亿元。移动端的随时随地、碎片化、高互动等特征让移动端成为纽带，助推网购市场向"线上+线下""社交+消费""PC+手机+TV""娱乐+消费"等方向发展，实现整合营销、多屏互动等模式。2016年，中国移动购物用户规模突破4亿人，在网购用户中占比高达90%以上。移动端作为电子商务主要入口，它的普及为电子商务发展起到直接的保障作用，也是开展各种形式的线上线下结合的营销的用户基础。

　　各渠道优势互补，实现信息与数据的共享。2015年，阿里、京东、百度、腾讯等互联网企业纷纷拓展线下商户，布局零售及服务领域。目前，全渠道经营中面临的问题一方面是国内网购市场集中度很高，线上客户流量入口被主要的网上零售平台占有，传统零售商开展线上渠道必须面对流量获取难题；另一方面是线上零售商要开拓线下业务，巨额的经营成本（产品成本、人工成本、店铺租金、日常费用等）也是一大难题。通过线上线下渠道整合、企业合作，可有效解决流量和体验难题。线上平台与线下门店的全渠道融合如图1-2所示。

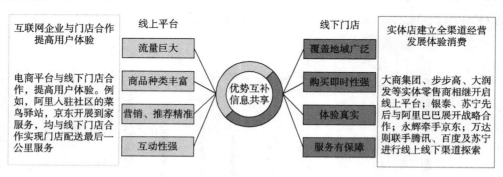

图1-2　线上平台与线下门店的全渠道融合

　　在线上，企业集中布局线下流量入口，发挥信息及数据优势。互联网企业开展全渠道经营的主要方式如下。

　　（1）互联网企业通过建立营销平台（如微信公众号）或提供第三方电商

平台服务于传统零售企业，有利于其开拓线上市场，同时有利于自身线下市场的开拓。

（2）利用互联网进行用户数据的获取与分析，实现精准营销。

（3）搭建无线网络，推出基于位置的精准推送和服务，如喵街。

（4）线上线下会员体系打通，提供客户关系管理、体验管理以及金融理财等全方位服务。

在线下，企业结合门店、物流及体验优势，扩大业务范围。总体来讲，目前传统零售企业布局主要有以下几种途径。

（1）构建线上平台，鼓励消费者线上下单、支付，到线下店体验、提货，如苏宁易购。

（2）提供就近门店配送、自提、退货服务，如绫致集团、拉夏贝尔、特步、李宁。

（3）店内铺设免费无线网络，消费者可根据推送信息，自由选择柜台购买或线上购买，如梅西百货。

（4）虚拟展示节约门店空间，同时门店向侧重用户体验转型，如苏宁云店。

电子商务成为"互联网+"的切入点和突破口。2015 年，在《国务院关于积极推进"互联网+"行动的指导意见》的指导下，国务院各部委、各地政府部门开始全面实施"互联网+"行动计划。一些传统企业已经利用全渠道的运营思维，通过优化利益分配机制，逐步实现了线上线下融合。线上线下融合的全零售是当下最佳的商业模式，推进实体服务和电子商务的互促发展，成为当前龙头企业的战略选择。

近年来，移动互联网保持高速发展态势，并加速向经济社会各领域渗透，带动电子商务由传统 PC 端加速向移动端转移，移动电子商务正成为当前电子商务发展的新力量，同时也开启了电子商务发展的新空间。相较于 PC 端，移动购物受时间、空间的限制更小，与线下消费场景的交互方式更具情景化，未来移动端市场潜力无限，移动互联网加速渗透带动各领域智能商务应用竞相发展。

智能商务通过运用大数据技术，将线上线下资源打通，实现线上与线下的数据闭环。大量数据的交换有利于线上和线下企业进行精准营销和仓储物流的数据化管控。

1.3 商务大数据的挑战性问题

1.3.1 影响因素分析

大数据研究是一项多学科、跨领域的研究课题，目前还面临着诸多挑战。从大数据的产生过程角度来说，人类社会的数据产生方式经历了三个阶段：运营式系统阶段、用户原创内容（user generated content，UGC）阶段及感知式系统阶段。从 UGC 阶段开始，大数据的 4V 特征开始显露出来。综合电子商务和大数据两个角度的发展历程，两者存在着明显关联。在 UGC 阶段，社会性、位置性及移动性（三者合称为 SoLoMo）成为新兴电子商务的重要特征，企业形态从生产范式向服务范式转变，大量智能商务应用都围绕 SoLoMo 展开，如关键词营销、服务推荐、关联信息搜索与聚合、口碑营销等，这些应用的成功离不开背后大数据分析的支持。智能商务模式一方面依托于线上 SoLoMo 应用和服务，另一方面强调线下数据的融合，而线下数据的采集离不开传感器网络，这一"触手"将促进物理世界与信息世界的相互融合，也将为实现商务智能提供基础支撑。

尽管商务模式的潜在价值已经得到学术界和工业界的认同，从相关领域的文献来看，目前的研究多以实证研究分析为主分析或论证商务模式中的有趣现象。例如，认为商务模式的大数据融合有利于增强顾客体验、消除顾客产生的疑虑感和沮丧感；渠道融合对顾客搜索意图、购买意图和付款意愿产生较大的影响；等等。让人欣喜的是，这些研究工作正在从业界的概念转向研究者的视野，且线上线下渠道之间存在显著的相互影响关系。然而，线上线下数据中的潜在价值尚未得到充分发掘，这极大地制约了智能商务应用甚至商业模式的创新。有两个主要因素限制了智能商务模式中数据智能性的释放，具体如下。

第一，线下数据未得到充分利用和融合，这与线上数据挖掘并得以充分利用呈现出极度的不匹配。少量的已有研究针对点评网、团购网等线上交易线下体验模式，将线下数据视作文本数据（用户线下体验后发表的评论），然后进行挖掘并与线上数据融合，从而支撑特定的商务应用，如构建线上线下融合的信誉管理系统。而事实上，线下数据类型丰富，如实体店用户移动轨迹、驻留位置及时间等，这些数据中蕴藏着商务应用所需的丰富信息。

第二，能支撑智能商务管理的数据包含了交易数据、社交平台数据、移动端数据及传感器数据，形成了名副其实的多源异构大数据，而目前对大数据挖掘分析方法、大数据的存储和计算基础设施仍然处于摸索阶段，更未见有面向智能商务管理的大数据分析方面的系统化成果出现。

1.3.2　问题与挑战

基于上述分析，商务大数据分析中存在如下几个方面的问题亟待研究。

第一，多源异构商务大数据的结构化描述、语义关联和提取及不一致性消除等基础问题有待更深入的研究。数据层融合试图为多模态数据构建语义关联，实现异质信息的融合建模，为后续知识融合及挖掘分析提供可用高质量数据源。受限于智能商务数据源的多样性及语义的复杂性，数据融合这一基础问题并未得到很好的解决，各种丰富的语义信息难以很好地融合到一起进行建模。

第二，线下数据挖掘方法对大数据的适应能力及对商务特定场景的适应能力有待提高。线下传感器监测的用户移动和驻留轨迹数据为捕捉用户线下行为提供了重要数据源头，而已有的轨迹数据挖掘领域的研究因面向非常具体的应用问题而碎片化严重，许多开放问题仍有待解决。例如，缺乏有效的时序价值模式评估和选择方法，伴行模式挖掘存在过于机械化的空间阈值限定，周期模式挖掘受限于采样频率过低和数据不完整性影响，等等。同时，已有研究大多面向 GPS 轨迹数据及城市智能服务，难以直接迁移到封闭小范围内的轨迹数据挖掘上，这对智能商务特定场景下的驻留热点检测和线下语义标注提出了严峻挑战。

第三，智能商务模式中知识碎片化严重，在智能商务新型应用需求的牵引下，线上线下多渠道知识融合方法亟须进行系统化研究。停留在数据层面集成线上线下信息远远不能满足智能商务应用的需求，对智能商务多渠道碎片知识进行融合，并形成统一的知识导航路径是商务智能化显著提升的关键问题，目前在该领域，无论是知识融合的粒度、方式还是具体算法都处于极度匮乏状态，亟待进行深入研究。

第四，多源异构大数据存储和计算基础支撑策略有待提出完整解决方案，缺乏智能商务典型实例化应用示范。尽管国内外大型企业或组织相继推出了很多分布式存储和计算的开源工具，在使用已有的开源工具之前，仍然需要依据具体应用场景研究存储和计算支撑策略。此外，尽管已经有一些智能商务应用雏形出现，但是，智能商务应用的典型实例还极度匮乏，需要结合大型智能商务企业打造相关智能应用，为多源异构数据融合与挖掘分析、线上线下知识融合和支撑上层智能商务业态融合起到示范作用。

针对以上挑战性问题，围绕大数据分析深入研究如何支撑电子商务管理决策中的关键技术，构建智能商务大数据融合框架，突破大数据挖掘方法，探索支持智能商务一体化的多渠道知识融合方法，可以极大地丰富和完善大数据领域的研究及应用，为商务智能平台和应用的建设提供重要的技术先导和示范效应，从而为单纯线上服务在线上进行商业模式创新及传统零售企业转型升级提供崭新途径。

第 2 章　大数据采集

数据采集是从真实世界对象中获得原始数据的过程。不准确的数据采集将影响后续的数据处理，最终得到无效的结果。

2.1　网络爬虫技术

2.1.1　网络爬虫简介

网络爬虫又称网络蜘蛛，是一种利用 HTTP 协议，根据超级链接和 Web 文档检索的方法遍历 Web 空间的程序。网络爬虫的工作原理是以一个或若干个初始网页为起点，分析 Web 页面之间的超级链接关系，按照一定的规则遍历访问初始网页所关联的 Web 空间。网络爬虫的工作原理如图 2-1 所示。

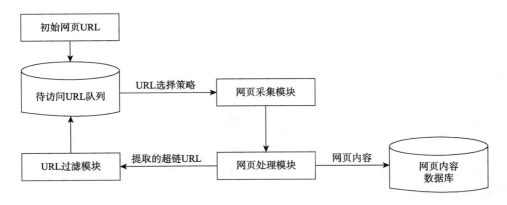

图 2-1　网络爬虫工作原理

网页采集模块是网络爬虫的基本模块，负责发送指定 URL（uniform resource

locator，统一资源定位符）的访问请求，以及接收响应数据获取网页 HTML 文档。网页处理模块负责网页 HTML 文档的内容提取、超级链接提取等分析处理工作。URL 过滤模块则要负责去掉重复的、已访问的、主题无关的无效 URL。

爬虫的基本工作流程如下：①选择初始网页 URL 集；②将初始 URL 集添加到待访问的 URL 队列；③从待抓取 URL 队列中根据预定策略取出一个 URL，网页采集模块访问该 URL 获得网页 HTML 文档；④网页处理模块对网页 HTML 文档进行分析处理，网页内容处理后存入网页内容数据库，提取的超链 URL 交由 URL 过滤模块处理；⑤URL 过滤模块对提取的全部超链 URL 进行过滤，存入待访问 URL 队列；⑥重复第③步到第⑤步，直到满足终止条件。

由于互联网的信息量过于庞大且更新频繁，使用爬虫进行大数据采集需要处理好以下几个方面的问题。

1）待爬取网页链接的筛选问题

网络爬虫在采集过程中提取的网页链接，存在大量无效链接或者与应用主题无关的链接，不加区分地爬取不仅浪费系统资源，大量无关数据也会影响后续的处理与分析。因此，需要通过对链接的预判，从中筛选出与应用主题相关的网页链接。

2）爬取优先选择策略问题

大数据的采集通常筛选出的待爬取链接众多，爬虫需要依据某种预先设定的策略，判定链接间的优先次序，然后依次进行爬取。

3）优化资源配置问题

当爬虫在爬取时，需要消耗大量服务器资源，如 CPU、带宽、磁盘 IO 等。大数据的采集使用分布式爬虫可以大大提高爬取速度、解决单机资源瓶颈，但要处理好分割任务、多个节点协作通信、负载均衡等问题。

2.1.2 网络爬虫的爬取选择策略

网络爬虫的爬取过程中，待访问 URL 队列十分庞大，网页采集模块需要使用一定的爬取选择策略决定下一个待访问的 URL，常用的爬取选择策略一般可以分为广度优先搜索策略、深度优先搜索策略和最佳优先搜索策略三种。

1. 广度优先搜索策略

广度优先搜索策略（breadth first search，BFS）的思想是按照层次的深浅顺序进行搜索，当同一层的所有节点搜索结束之后，再进行下一层的搜索，直至所有层次搜索完为止。如果网页间的链接关系如图 2-2 所示，以 V0 为初始网页，采用广度优先搜索策略时，V1、V2、V4 三个网页处在下一层，V8 在最下层，所以访问采集的顺序为 V0→V1→V2→V4→V3→V5→V6→V7→V8（假定同一层中按数字大小顺序访问）。

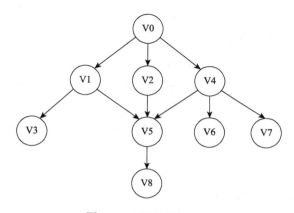

图 2-2 网页链接关系

这种搜索策略优先扩大节点覆盖的广度，易于对搜索的深度进行控制，特别是当搜索的维度比较高时，通过搜索深度控制，解决了网络层次较深时搜索在短时间内无法结束的问题。但该策略需要较长时间才能搜索到层次较深的网页节点。

2. 深度优先搜索策略

深度优先搜索策略（depth first search，DFS）的思想是尽可能地访问更"深"的节点。从某一种节点出发，沿一条链路优先访问下一层次的节点，直到下一层没有未访问过的节点才返回上一层访问下一条链路。如果网页间的链接关系如图 2-2 所示，以 V0 为初始网页，采用深度优先搜索策略时（假定同一层中按数字大小顺序访问），按顺序 V0→V1→V3 到达链路顶端 V3 后，返回 V1 访问下一条链路 V1→V5→V8。全部的访问顺序为：V0→V1→V3→V5→V8→V2→V4→V6→V7。

这种搜索策略可以保证对某一领域的深度挖掘，即能够尽可能多地搜索到某一特定领域的数据。因此，深度优先搜索策略比较适用于站内搜索或垂直搜索等这类的应用环境。但是，当网络分支的层次较深时，容易影响爬行的效率，造成巨大的资源浪费。

3. 最佳优先搜索策略

最佳优先搜索策略的思想是通过对超级链接进行评价从而进行选择。根据特定的规则（如关联性或相似程度）对网页中的超链进行预测评价，从中选取评价最高的网页节点进行下一步搜索。随着互联网网页数量的急剧膨胀，这种策略可以有效地将爬虫聚焦于特定主题或领域的网页链接，具有专而精的特点，常用于主题爬虫，聚焦于主题网页的抓取。但是，这种依赖于预测评价的方法，常常是一种局部最优搜索策略，造成许多相关的页面节点在抓取过程中被忽略。

上述的几种搜索策略各有利弊，实际使用过程中，可以结合两种或两种以上策略使用。

2.1.3 主题爬虫技术

主题爬虫通过预测评价网页链接与预定主题的相关度，对链接进行过滤和筛选，可以高效地抓取指定主题和领域相关网页。

目前常用的评价方法主要有两大类：基于内容的评价策略和基于 Web 链接的评价策略。基于内容的评价策略主要是基于网页内容、超级链接 URL、锚描述文本及锚文本上下文等信息，评价与预定主题的相似度，以 Fish-Search 及 Shark-Search 等算法为代表。基于 Web 链接的评价策略主要是依据网页之间的链接引用关系来判断网页的重要程度，以 PageRank 和 HITS 等算法为代表。

1. Fish-Search 算法

1993 年，荷兰埃因霍温理工大学的 Debra 教授提出 Fish-Search 算法。Fish-Search 是一种仅根据父页面的主题相关度对链接进行评价的爬行策略。该算法的主要思想是基于当前网页内容与主题的相关度，评价调整该网页所包含的链接 URL 的爬取遍历深度。相关度的判定为二值判断，即仅存在相关与不相关两种结果。当网页内容与主题相关时，该网页包含的所有链接 URL 的爬取遍历深度被设置为与该网页相同的值；当网页内容与主题不相关时，该网页所包含链接的遍历深度将被设置为小于该网页遍历深度的某个值；当遍历深度为 0 时，则不再继续爬取相关链接。

2. Shark-Search 算法

Hersovici 在 Fish-Search 算法的基础上，提出了 Shark-Search 算法。Shark-Search 算法对网页的主题相关度评价受 3 个因素影响：链接锚文本、锚文本上下文及对父网页相关性的继承。每个链接 URL 的预测相关度评分取值为 0~1 之间的实数（0 表示无相似度，1 表示完美匹配）。

每个链接 URL 的预测相关度评分 Potential（url）计算公式如下：

$$\text{Potential(url)} = \gamma \cdot \text{inherited(url)} + (1-\gamma) \cdot \text{neighborhood(url)} \qquad (2\text{-}1)$$

其中，inherited（url）为链接 URL 的父网页 father_url 的影响因子，按式（2-2）计算：

$$\text{inherited(url)} = \begin{cases} \delta \cdot \text{sim}(q, \text{father\_url}), & \text{sim}(q, \text{father\_url}) > 0 \\ \delta \cdot \text{inherited(father\_url)}, & \text{其他} \end{cases} \qquad (2\text{-}2)$$

neighborhood（url）为锚文本、锚上下文的影响因子，按式（2-3）计算：

$$\text{neighborhood(url)} = \beta \cdot \text{anchor(url)} + (1-\beta) \cdot \text{anchor\_context(url)} \qquad (2\text{-}3)$$

anchor（url）描述锚文本内容与主题 q 的相关性，按式（2-4）计算：

$$\text{anchor(url)} = \text{sim}(q, \text{anchor\_text}) \qquad (2\text{-}4)$$

anchor_context（url）为锚上下文与主题 q 的相关性，按式（2-5）计算：

$$\text{anchor\_context(url)} = \begin{cases} 1, & \text{anchor\_(url)} > 0 \\ \text{sim}(q, \text{anchor\_text\_context}), & \text{其他} \end{cases} \qquad (2\text{-}5)$$

上述公式中，γ、δ、β 为预先定义的常量系数；$\text{sim}(q, p)$ 为两个文档 p、q 的相似度。

Shark-Search 算法中的链接预测值结合了父节点与锚文本和链接上下文两个影响因素，对链接 URL 与主题相关度的预测评价的考虑更加全面。

3. PageRank 算法

PageRank 算法主要可以测度网页本身的质量，并据此作为后续是否遍历抓取的判断条件。它是 1998 年由 Google 创始人 Larry Page 和 Sergey Brin 提出。PageRank 算法通过判断页面的重要程度对页面进行评价，而对页面重要程度的判别基于两个假设：

假设 2-1：如果一个页面被其他页面引用的次数越多，那么这个页面就越重要。

假设 2-2：一个页面被越重要的其他页面引用，这个页面就越重要。

利用以上两个假设，PageRank 算法刚开始赋予每个网页相同的重要性得分，如果页面 t 存在一个指向页面 v 的链接，则表明 t 的所有者认为 v 比较重要，从而把 t 的一部分重要性得分赋予 v。那么页面 v 的 PageRank 值则等于所有包含链接指向 v 的页面赋予 v 的重要性分量的累加和。计算公式如下：

$$PR(v) = \frac{1-c}{N} + c \cdot \sum_{t \in S_t} \frac{PR(t)}{N_t} \quad (2-6)$$

其中，$PR(v)$ 表示页面 v 的 PageRank 值；c 为权重因子；N 为总网页数；S_t 表示所有包含链接指向 v 的页面的集合；N_t 表示页面 t 上包含的链接总数。

通过迭代计算来更新每个页面节点的 PageRank 得分，直到收敛为止。

4. HITS 算法

HITS 算法是由美国康奈尔大学的 Kleinberg 博士于 1997 年提出的基于超链接关系判断网页重要性的算法，目前主要用于搜索结果排序。HITS 算法引入了 Authority（权威）页面和 Hub（中心）页面两个重要的概念测度网页本身的质量，据此作为后续是否遍历抓取的判断条件。Authority 页面是某个领域或者主题相关的权威网页，领域内或主题相关的大量网页都会提供指向相关主题的权威页面的链接。而 Hub 页面则是指那些提供了大量指向权威页面的链接的页面。

HITS 算法为每个网页附加 Authority 和 Hub 值。Authority 值反映了一个网页链接在其他主题页面上出现链接的概率。Authority 值高的网页，意味着有多个主题网页都有较高的概率指向该网页。Hub 值表示网页指向主题网页链接的概率，Hub 值高的网页上链接到主题网页的概率比较高。因此，HITS 算法的基本思想基于两个假设：

假设 2-3：好的 Hub 页面指向许多好的 Authority 页面。

假设 2-4：好的 Authority 页面总是被许多好的 Hub 页面所指向。

在这两个假设下，Hub 页面与 Authority 页面存在相互加强的关系，即某个网页的 Hub 质量越高，则其链接指向的页面的 Authority 质量越好；反过来，一个网页的 Authority 质量越高，则那些有链接指向该网页的页面的 Hub 质量越高。通过这种相互增强关系不断迭代计算，即可找出高质量的 Hub 页面和高质量的 Authority 页面，以此进行页面评价。

Authority 值和 Hub 值的计算，需要先根据选定的主题给出包含 n 个页面的初始页面集（Root），通过连接矩阵迭代的方法计算每个页面的 Authority 值和 Hub 值，然后通过链接分析扩展 Root 集，将 Root 集内有直接链接指向关系的网页都扩充进来。再通过迭代计算更新每个页面的 Authority 值和 Hub 值。

网页 v 的 Authority 值为其所有父页面的 Authority 值之和：

$$Authority(v) = \sum Authority(father_i) \tag{2-7}$$

网页 v 的 Hub 值为其所有子网页的 Hub 值之和：

$$Hub(v) = \sum Hub(child_i) \tag{2-8}$$

对 Authority 值和 Hub 值进行规范化处理：

$$Authority(v) = \frac{Authority(v)}{\sqrt{\sum Authority(i)^2}}, \quad Hub(v) = \frac{Hub(v)}{\sqrt{\sum Hub(i)^2}} \tag{2-9}$$

Authority 值和 Hub 值在多次迭代之后收敛。

HITS 算法整体而言是个效果很好的算法，但计算效率较低，容易出现主题漂移、不稳定等问题。

2.1.4　案例分析

Google 爬虫是 Google 搜索引擎的关键数据获取工具。抓取流程是从以往所抓取内容的网址列表和由网站所有者提供的站点地图开始。在访问这些网站时，抓取工具会使用网站上的链接来探索其他网页。该软件会特别关注新网站、对现有网站进行的更改及无效链接。计算机程序会确定要抓取的网站、抓取频率及要从每个网站中抓取的网页数量。其中提供的 Search Console 可以让网站所有者精确地控制 Google 如何抓取其网站。他们可以提供详细说明，告诉网站所有者如何处理其网页，可以申请重新抓取，也可以使用名为 robots.txt 的文件，选择抓取条件。

当抓取工具找到一个网页时，系统就会像浏览器一样呈现该网页的内容，并会记下关键信号（从关键字到网站新鲜度），然后会在 Google 搜索索引中跟踪所有这些内容。Google 搜索索引中包含数千亿个网页，它就像图书尾部的索引一样，被编入索引的每个网页中出现的每个字词都在其中且分别对应一个条目。在将某个网页编入索引时，会将它添加到与它包含的所有字词对应的条目中。

在结构上，它总体包括的基本模块如图 2-3 所示。

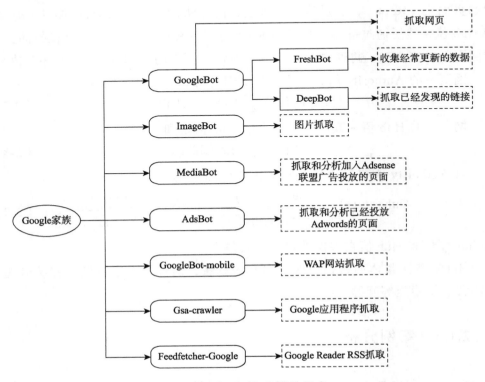

图 2-3 Google 爬虫模块组成

其中 FreshBot 主要对已经进入索引的页面进行更新检查，会收集新的 URL 链接，页面更新时间信息。因此，会根据网站的变化情况，不定时访问更新，有时候会相当频繁，可以有效地降低无效链接的可能性。DeepBot 会对已经发现的链接抓取分析，同时分析所有页面的外链，以便为下一次集中抓取和新一次大规模更新网页库、更新索引提供数据。ImageBot 主要用于图片抓取，由于图片数据一般大于网页数据，以及图片链接更为关注图片周边文字等信息，因此图片抓取需要进行单独的优化处理。MediaBot 抓取加入了 Adsense 联盟，可以通过分析网页内容以便决定投放何种合适的广告。AdsBot 是 Google 用来分析 Adwords 投放效果的工具，会对页面做个打分，然后分析投放 Adwords 的点展比（click through rate，CTR）和网页内容质量的关系。GoogleBot-mobile 是 Google 抓取移动站点的爬虫，并对不同的手机做了优化的页面。Gsa-crawler

用于构建站点级和企业级的搜索服务。Feedfetcher-Google 支撑对各种博客信息的索引更新。

借助最新的知识图谱技术，Google 将继续超越关键字匹配，以更好地了解用户关注的人、地点和事物。为此，不仅要整理有关网页的信息，还要整理其他类型的信息。如今，Google 搜索不仅可帮助用户搜索大型图书馆内数百万册图书中的内容，查找当地公交公司的线路和车次安排，还可以帮助用户浏览世界银行等公开来源的数据。

2.2 社交平台大数据采集方法

社交网络平台蕴藏着海量的数据信息，不仅包含对商品、营销、服务的观点和意见，还能反映人们生产生活的各类动向。因此，对社交网络数据进行研究，可以通过分析用户偏好寻找信息传播影响力的内在规律，通过分析热点话题信息预测营销方向，通过病毒式营销策略来促进商品的推广，扩大商业市场，这对 O2O 商务的发展具有重要价值和意义。

社交平台大数据的数据采集可以通过设定 URL 规则，利用 Scrapy 爬虫框架进行分布式爬取，部分社交平台提供了 API 接口使得爬取更加有效。利用内存数据库 Redis 存储任务队列以支持任务的快速调度、提升爬取效率，同时使用应用容器引擎 Docker 爬虫进行封装，实现大规模分布式快速部署。

2.2.1 Scrapy 爬虫框架

Scrapy 是使用 Python 编写的爬虫框架程序，用于下载网页内容和提取关键数据。用户仅需要对少数的几个模块进行定制开发，即可快速、高效地实现一个爬虫。同时，Scrapy 提供了丰富的系统接口，使用户可以方便地进行功能扩展和定制。

Scrapy 的整体架构如图 2-4 所示，一共由 8 个部分组成。

（1）Scrapy Engine：引擎模块，负责控制数据在系统各个模块间流动，以及特定事件触发时的调度和响应，是整个 Scrapy 框架中最重要的一个模块。

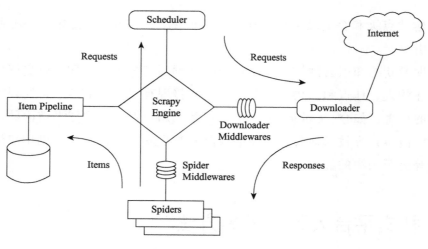

图 2-4   Scrapy 整体架构

（2）Scheduler：调度模块，负责接收由 Scrapy Engine 提交的 URL，并将其插入待处理队列。同时，当 Scrapy Engine 发出 URL 请求时，负责从待处理队列中选择 URL 发送给 Scrapy Engine。调度模块实际上负责对所有待爬取 URL 进行去重、管理，并决定爬虫下一个网页抓取目标。

（3）Downloader：下载模块，负责爬取某个 URL 指向的网页，将网页内容下载至本机，并返回给 Scrapy Engine。该模块以异步方式工作，在多线程模型中发挥很大的作用。

（4）Spiders：整个爬虫项目中的核心部分，负责分析 Downloader 获取到的 Web 页面数据，从中提取网页实体信息（Item）和所包含的超链 URL。在实际应用中，该模块通常由用户根据需要定制开发。

（5）Pipeline：负责处理实体信息（Item），进行数据清理、验证，从中抽取结构化数据并转存数据库实现持久化等。

（6）Downloader Middlewares：下载中间件模块，位于 Scrapy Engine 和 Downloader 之间，主要负责传递 Scrapy Engine 发送给 Downloader 的 URL 请求，以及 Downloader 发送给 Scrapy 引擎的 HTTP 响应。它提供了一种便于扩展的机制，可以插入自定义代码来添加 Scrapy 框架的功能。实际上，Scrapy 框架已经内置了许多常用的中间件。例如，Cookies 中间件，可以保存网站的 Cookies，并在访问页面时附上相应的 Cookies 信息；Default Headers 中间件，提供 HTTP 请求头部信息的设定功能；Http Auth 中间件，提供 HTTP 请求进行验证的支持；Http Compression 中间件，提供了 HTTP 压缩的支持；Http Proxy

中间件，提供了对 HTTP 代理机制的支持。

（7）Spider Middlewares：介于 Scrapy Engine 和 Spider 之间，主要负责处理响应输出和 Spider 的输入（HTTP 响应）和输出（提取出的 Items 及 URL）。同时还提供了一个便于扩展的机制，可以通过在爬虫中间件模块中插入自定义代码来添加 Scrapy 框架的功能。

（8）Scheduler Middlewares：调度中间件模块，介于 Scrapy Engine 和 Scheduler 之间，主要负责处理 Scrapy Engine 传来的数据，同时协同 Scheduler 完成 Scrapy Engine 分配的工作。

利用 Scrapy 框架可以快速定制网络爬虫，但目前 Scrapy 框架还未能支持分布式爬取，单机 Scrapy 爬虫受限于单机带宽瓶颈、单机内存瓶颈，使得它在大数据采集时很可能会显得力不从心，需要将 Scrapy 爬虫框架与 Redis 数据库结合为分布式爬虫才能满足大数据的采集要求。

2.2.2　内存数据库 Redis

Redis（remote dictionary server）由 VMware 主持开发，使用 C 语言编写，是一个开源的、基于内存亦可持久化的、可网络交互的 Key-Value 对存储数据库。Redis 具备多种灵活高效的数据结构，同时支持持久化、主从复制等特性，是当前使用范围最为广泛的 Key-Value 模型数据库。

1. Redis 数据结构

Redis 以键值对〈key，value〉形式进行数据存储，其中 key 是 String 类型，而 value 支持 5 种数据类型：String（字符串）、Lists（字符串列表）、Sets（字符串集合）、Zsets（sorted sets-有序字符串集合）和 Hash（哈希表）。

String 是最基础、最常用的一个数据类型。Redis 为 String 型数据提供的操作，除了常规的 set、get、incr、decr 之外，还支持 append、getlen 等多种字符串操作。

Lists 是链表。Lists 型数据可以高效地完成数据追加，与数据规模无关，非常适用于消息队列的存储。但在链表 Lists 中定位元素时会比较慢。Lists 常用的操作指令有 Push 和 Lrange，Lpush/Rpush 是用来在列表的头和尾插入新增元素，Lrange 则是在 Lists 指定的一个范围区间内提取需要的记录信息。

Sets 是一种无序的集合，集合内的元素没有先后的顺序关系。Redis 对于集合数据可以执行 sadd（新增）、srem（删除）、sinter（求交）、sunion（求并）、sdiff（求差集）等操作。

Redis 的有序集合称为 Zsets，每个元素有一个索引属性作为排序依据，集合数据变动时，部分元素会重新排序。

Hashs 是 Redis-2.0 版本后才新增加的数据结构。Hashs 根据元素的数量有两种不同的实现模式。当元素数量较少时，内部会采用类似一维数组的方式来紧凑存储；当数据量较大时，则转换为 Hash Map 存储。

2. 持久化

Redis 提供了四种持久化的方式：RDB（redis dataBase）、AOF（append only file）、VM 和 Diskstore。目前最常用的是前两种。

1）RDB 方式

RDB 方式又称为定时快照（snapshot）方式，是将 Redis 数据库某个时刻的增量数据信息以快照文件的形式保存到磁盘的持久化方法（图 2-5）。

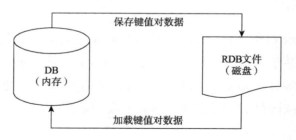

图 2-5　RDB 持久化

当用户通过 SAVE 命令执行 RDB 持久化功能时会阻塞 Redis 服务器进程创建 RDB 文件。而使用 BGSAVE 命令执行 RDB 持久化功能时 Redis 服务器进程会派生一个子进程创建 RDB 文件，而父进程继续处理 Redis 相关操作。子进程将数据先写入一个临时文件，当整个数据写入完毕后，才会用临时文件覆盖上一个持久化好的快照文件。Redis 支持用户通过设置参数定期执行持久化功能，Redis 服务器每 100 毫秒执行一次 serverCron 函数遍历配置文件中设置的条件，只要任意条件满足 Redis 将使用命令 BGSAVE 更新 RDB 文件。

使用 RDB 文件恢复 Redis 服务器数据库是在 Redis 服务器启动时自动载入 RDB 文件，完成 Redis 服务器所有数据库的所有键值对恢复。

RDB 模式相对高效，但缺点在于数据的完整性没有保障。因为即使设置 5 分钟备份一次数据，当出现故障或重启时，仍然存在丢失 5 分钟数据的风险。

2）AOF 方式

AOF 方式下，Redis 只追加变更指令，不允许修改已追加内容的记录文件，把执行过的写指令按照执行顺序写在记录文件的尾部。AOF 默认的存储策略是每秒钟执行一次，这是 Redis 持久化与性能的最佳平衡点，此策略既能保证 Redis 有很好的性能表现又能保障数据完整性，最多丢失 1 秒钟的数据。AOF 持久化过程如图 2-6 所示。

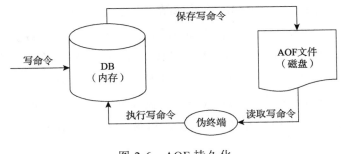

图 2-6　AOF 持久化

AOF 文件本身是以增量追加的方式处理，随着 Redis 的运行，记录文件会越来越大。当文件大小超过管理员预先设定的阈值时，Redis 会启动文件内容的压缩重写。先创建并写入临时文件，当重写过程结束后，才更名覆盖上一个可用的 AOF 文件。

当 Redis 服务器使用 AOF 文件恢复数据库时，会新建一个不带网络连接的伪客户端从 AOF 文件读取写命令数据到 Redis 服务器执行，全部写命令执行完毕时数据库完成恢复。

AOF 方式在数据完整性方面有更多优势，不过在同数据规模下，AOF 文件要比 RDB 文件大，恢复速度也远低于 RDB 方式。

3. 主从复制

Redis 的主从复制依赖于持久化机制，在 Master 收到 Slave 的同步请求后，将会执行一次 RDB 方式的持久化操作，并把生成的 RDB 文件发送给 Slave，Slave 根据该 RDB 文件恢复数据库中的数据，完成一次全量同步。在全量同步的过程中，仍然可能收到来自客户端的修改命令，在全量同步后，Master 将这些收到的命令和后续新的修改命令依次发送给 Slave，Slave 将执行这些修改命令，从而实现最终的数据同步。Redis 在主从复制时，一个 Master 可以同时同步多个 Slave，Slave 同样可以接收其他 Slave 的连接和同步请求，并且 Master 和 Slave 都是以非阻塞的方式来完成同步过程，Master 在同步期间可以接收读请求和写请求，而 Slave 只能接收读请求。Redis 的主从机制为消息服务系统的高可用性提供了底层支持。

2.2.3　Scrapy-Redis 分布式爬虫

将 Scrapy 爬虫框架与 Redis 数据库结合，通过设计一个多节点间共享的全局 URL 队列，运行多个 Spider 同时抓取网页 requests、stats 数据，存入统一的 Redis Queue 队列，并采用合适的调度策略将 requests 分配给各个爬虫，来实现 Scrapy 的分布式爬取。整体结构主要由以下六个模块组成。

（1）Connection 模块。Connection 模块根据爬虫设置文件中的参数实例化 Redis。Dupefilter 模块和 Scheduler 模块通过调用 Connection 模块进行相关数据的 Redis 存取操作。

（2）Dupefilter 模块。Dupefilter 使用 set 数据类型，遵循内部机制实现 request 的去重。如果不是重复的 request，就存入 Queue 队列，待调度时弹出。

（3）Queue 队列。Queue 是多爬虫共享的待爬 Requests 队列，有三种不同的 Queue，分别为 FIFO 的 Spider Queue、Spider Priority Queue 和 LIFO 的 Spider Stack。默认使用的是 Spider Priority Queue。

（4）Pipelines 模块。Pipelines 是替代 Scrapy 中自带 Pipeline 的组件，负责接收来自多个爬虫的项目数据，并将这些数据处理后按照程序设定分类存放，实现分布式数据处理。

（5）Scheduler 模块。Scheduler 是替代 Scrapy 中自带 Scheduler 的组件，负责所有待爬 URL 的统一管理和分布式分发。所有的爬虫统一从 Schedule 获取目标 URL，避免重复爬取。

（6）Spider 模块。Spider 是爬虫管理模块。通过检测 connect signals.spider_idle 信号掌握爬虫的状态，当信号显示空闲时，发送新的 requests 给爬虫引擎，引擎处理后向调度器发送请求调度爬虫工作。

如果在爬取过程中，受到社交平台反爬虫机制的限制，可以利用 Scrapy 的 Downloader 中间件，将爬虫的行为伪装成使用不同浏览器的不同用户以避免爬虫被禁止访问。当 Redis 存储或者访问速度遇到问题时，利用 Redis 的高性能和易于扩展的特点，增大 Redis 集群数和爬虫集群数量改善，可以保证高效的分布式爬取。

2.2.4　案例分析

微博等网络平台的数据采集主要有三种方式，一是利用各网络平台提供的 API 接口，二是基于网络爬虫抓取数据，三是利用采集器。

1）API 接口获取微博数据

微博 API 提供 REST 风格的基础数据接口，包括获取下行数据集接口、微博接口、用户接口、标签接口、话题接口、OAuth 接口等，这些接口为第三方开发者提供了诸如获取用户信息、获取好友关系、发送微博等功能。

若要获取某个用户的信息，可以利用用户接口、标签接口、微博接口等。服务器同意用户调用接口后，微博返回的结果是 JSON，但是 SDK 将其封装成 JSON 对象，直接通过返回结果调用相应的属性即可。

返回数据包括用户 id、用户昵称、友好显示名称、用户所在省级 id、用户所在城市 id、用户所在地、用户个人描述、用户博客地址、用户头像地址、用户个性化域名、用户性别、粉丝数、关注数、微博数、收藏数、用户创建（注册）时间、是否是微博认证用户、认证原因、用户的在线状态（0：不在线，1：在线）、用户互粉数等。若 r 为返回结果，那么通过 r.statuses 可获取 JSON 中的 statuses 列表，r.statuses[i]['text']可获取第 i 个用户的更新的微博内容。则 r. statuses[i]['user']['id']便可获取第 i 个用户的微博 id，以此为例获取所需的用户微博数据，并将其存入数据库。通过用户关系接口中的 friend-ships/followers 接口获取用户的粉丝列表，请求方式为 get。

由于微博提供多种特色 API 接口，如获取最新的公共微博、获取学校列表、获取某条微博的评论列表等，因此在需要某些特定条件下的数据且数据量不大时应采用微博 API 获取方法进行实验采集与研究分析，方便快捷。但在需要数据量较大和需长时间进行数据获取的情况下，由于频繁调用接口，采集量出现较大的波动，稳定性不高，且数据的完整性也降低。

2）网络爬虫抓取微博数据

由于调用微博 API 获取数据受到未通过审核应用的测试账号限制及高级接

口不开放等因素的影响，除了通过微博 API，还可在成功模拟登录微博的前提下通过网络爬虫实现数据的采集。

模拟登录微博的方式在手机微博与浏览器微博中不同。选择任意一种方式采集数据都需通过模拟登录成功访问微博。通过分析发送的报头信息得知，手机微博上用户名密码登录时是明文传输，报头信息中的主要参数为 password 的 name 值及 vk 的 value 值。登录成功后，返回的 cookie 中包含一个 grid 字段，以 get 方法发送请求获取此参数，便可访问微博，页面返回的编码格式为 UTF-8。

浏览器微博登录比手机微博登录更复杂。这里简单介绍下基本步骤。

（1）添加用户名（username），用户名经过 base64 计算。例如，用户名 xyfjiang@163.com 经过 base64 计算后得到：cHlmamlhbmdAMTYzLmNvbQ。

（2）请求 prclogin 链接地址：http://login.sina.com.cn/sso/prelogin.php?entry=sso&callback=sinaSSOController.PreloginCallBack&su=%s&rsakt=mod&client=ssologin.js（v1.4.4）。

（3）对 password 加密。先前是采用 SHA1 加密算法进行加密。目前新浪微博采用的是 RSA2 加密方式。

（4）请求通行证：http://login.sina.com.cn/sso/login.php?client=ssologin.js（vl.4.4）。

（5）登录成功后，在服务器返回的内容中提取出要使用的 URL 地址，然后对该地址使用 get 方法向服务器发送请求，并且保存这次请求的 cookie 信息，这便是需要的登录 cookie。

接下来，网络爬虫就按照一定的逻辑和算法从互联网上抓取和下载互联网的网页，并存储下载到本地，供后期处理。

3）基于采集器的微博数据获取

目前，现有的采集器多应用于网页信息数据的采集，对于微博，只要设计正确的采集规则，其也可应用于微博用户数据的获取。以八爪鱼网页采集器为例对新浪微博数据进行获取。

通过网页采集器采集微博数据时，需根据数据需求设定对应的采集规则。设定采集规则的过程中最重要的一步是设计工作流程，这决定了能否快速采集到所需微博用户的相关数据。以采集登录者所关注用户及其用户粉丝微博数据为例，依据数据需求设计工作流程图，如图 2-7 所示。

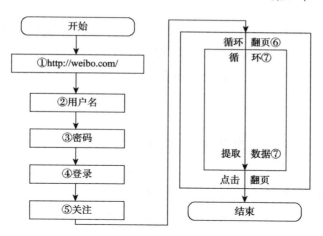

图 2-7 基于采集器的微博数据获取

步骤①~步骤④实现微博登录，步骤⑤~步骤⑧通过两次循环实现对所关注用户及其用户粉丝微博数据的成功提取。

采集器通过设定相应的采集规则对微博数据进行获取，没有 API 接口的调用限制，单位时间的数据采集量相对平稳，速率高，但网速的变动对其影响较大。

2.3 轨迹大数据采集

近年来，随着 GPS、无线通信网络等基础设施的飞速发展以及移动无线通信定位设备的广泛应用，特别是众多移动社交网络的位置签到、位置共享及位置标识等功能的应用普及，大量的轨迹数据随着日常生活日益积累。其中记录了用户在真实世界环境中的日常活动，而这些活动在一定程度上体现了用户意图、兴趣、经验和行为模式，对商务领域的服务与决策支持极具价值。

轨迹数据通过对一个或多个移动对象运动过程采样形成数据信息，一条轨迹数据通常包含一个点序列 $S_v = \{v_0, v_1, \cdots, v_n\}$，其中每个位置点的数据 (v_i) 除了包含该点的坐标、时间戳信息之外，还可以包含速度、方向等其他数据。

轨迹数据的数据来源复杂多样，可以通过 GPS 设备、射频设备、图像识别技术、卫星遥感和社交媒体等不同途径采集获取。通常采集到的原始轨迹数据存在很多数据冗余与噪声，需要通过数据清理（data cleaning）、轨迹压缩（trajectory compression）、轨迹分段（trajectory segmentation）等预处理方式转化为校准轨迹，再通过数据库管理技术进行轨迹索引与检索，实现有效的存取，最后对处理后的轨迹数据进行模式挖掘、隐私保护等操作获取有价值的知识。

2.3.1 基于 GPS 的轨迹数据采集

线下轨迹数据在室外可基于高精度的 GPS 设备，以下列三种形式采集。

（1）车载 GPS 数据，通过在出租车、公交车等公共交通工具上安装 GPS 设备采样获得。随着各城市出租车 GPS 平台的建成，出租车 GPS 数据的获取成本越来越低，运行中所受环境遮挡影响小，获取的 GPS 位置精度高，且能够以秒级间隔采集位置信息，使得出租车 GPS 轨迹相比其他定位数据来说具有更高的时空分辨率，具有更大的精确性。出租车车载计价系统记录乘客上下车时刻，轨迹数据自动分段，不但省去了行程端点识别过程，还避免了行程端点识别错误。

（2）个人手机 GPS 数据。其反映了详尽的个人信息和活动过程，尤其是生活日常活动过程。

（3）社交媒体数据。随着智能移动终端日渐融入生活的方方面面，用户通过智能移动终端发布信息，内置GPS等位置感知支持设备，使用户在社交平台发布的数据可以附带用户的地理位置信息。主要包括用户在社交媒体上的签到数据、发布和点评数据、位置分享数据等，这部分数据可以利用爬虫抓取。

2.3.2 基于 RFID 的轨迹数据采集

室内环境比室外复杂，内部结构、建材、空间大小等都不同程度造成 GPS 信号在室内衰减，定位精度大大降低。室内定位可以基于超声波、红外线、RFID（radio frequency identification，射频识别）等形式，目前以 RFID 最为流行。

1. RFID 技术简介

RFID 是一种非接触式的自动识别技术，是通过无线射频方式进行非接触双向数据通信，对标签进行自动识别并获取相关数据的技术。由于其成本较低、响应速度快等特点，广泛应用于物流管理、交通运输、医疗卫生、安全防护等领域。

RFID 系统由电子标签、阅读器、天线、应用系统四部分组成。阅读器是整个 RFID 系统的核心，负责数据的接受处理工作和系统无线电波频率等规格的控制。天线负责信号的收发及放大工作，通过调整天线的增益以及覆盖范围，可以调整 RFID 系统的读取范围。RFID 标签附于待测目标上以供识别。软件控制系统作为上层应用，对阅读器返回的数据进行具体的算法处理。

RFID 系统的基本流程是：①阅读器通过天线发射射频信号，当电子标签进入发射天线工作区域时产生感应电流，标签获得能量被激活；②标签通过内置天线发送自身编码等信息；③阅读器系统接收天线接收标签发送来的载波信号，经天线调节器传送到阅读器，阅读器对接收到的信号进行解调之后送到后台应用系统进行相关处理；④应用系统根据逻辑运算判断该信号的合法性，根据不同的设定进行相关的处理。

2. RFID 测量技术

测量技术可以分为距离测量技术和角度测量技术。

1）射频信号强度指示

RSSI（received signal strength indication，射频信号强度指示）是一种距离测量技术。其基本思想是如果信号发射功率已知，测得某处的信号强度值，根据信号衰减模型对距离进行求解。信号强度函数一般为

$$P_r = P_t + 10 \times n \times \lg d$$

其中，P_r 为实测的接收信号强度；P_t 为距信号发射端 1 米距离处的平均信号强度；参数 n 为环境因子，根据实际情况调整；d 为信号传播距离。

RSSI 容易受到干扰，纵使在理想环境下 RSSI 的测量值也不具有稳定性，因此，对于每一组取得的 RSSI 值需要进行筛选降噪，常用的筛选策略有中值策略、均值策略和多数策略。

2）到达时间

ToA（time of arrival，到达时间）是一种距离测量技术，基于距离速度公式测距。当电子标签进入有效范围时，标签以主动或者被动激活的形式将自身信息发送给阅读器，由于无线信号的传播速度 v 已知，传播时间 t 可测，依据公式 $d=v\times t$ 可求得无线信号的传播距离。

ToA 可以达到很高的测距精度，但由于无线信号以光速传播，使用电磁波

信号进行 ToA 测距，对硬件中时钟同步要求非常高，时间差精度要达到皮秒级，测距误差才可以控制在厘米级或毫米级。

3）到达时间差

TDoA（time difference of arrival，到达时间差）是一种距离测量技术，其利用两种速度不同的信号进行传输，依据传输时间差进行测距。假设两种信号的速度分别为 v_1 和 v_2，可测得两种信号传输时间差为 $t_1 - t_2$，那么可以根据下面的公式计算距离 d：

$$\frac{d}{v_1} - \frac{d}{v_2} = t_1 - t_2$$

TDoA 还有一种含义，就是通过同一信号到达不同阅读器的时间差进行测距。

4）到达角度

AoA（angle of arrival，到达角度）是一种角度测量技术。通常需要阅读器阵列或者多个阅读器协同工作。每个接收器都有自己的主轴方向且能感知到达信号与主轴方向的夹角。如图 2-8 所示，实线箭头表示节点的主轴方向，θ 为标签与阅读器主轴方向的夹角。

图 2-8　角度测量技术

随着角度测量精度的提高，角度测量技术已经崭露头角，诺基亚研究中心提出的 HAIP 定位技术就是采用角度测量技术，室内定位精度可达分米级。

3. RFID 定位算法

定位算法有基于测距的三边测量法，有基于测角度的三角测量法，还有质心测量法，等等。当二维空间中有 3 个或 3 个以上参考点，可以使用三边测量法或三角测量法。

1）三边测量法

三边测量法是在二维空间中，依据待测节点与三个不共线的参考点之间的距离计算待测节点位置坐标。假设已知参考点 A、B、C 的坐标分别为 (x_1, y_1)，(x_2, y_2)，(x_3, y_3)，同时测得待测节点 D 到这三个点的距离分别为 d_1, d_2, d_3。如图 2-9 所示，则待测节点 D 的坐标为 (x, y) 可以通过解方程组得到：

$$\begin{cases} \left(x-x_1\right)^2+\left(y-y_1\right)^2=d_1^2 \\ \left(x-x_2\right)^2+\left(y-y_2\right)^2=d_2^2 \\ \left(x-x_3\right)^2+\left(y-y_3\right)^2=d_3^2 \end{cases}$$

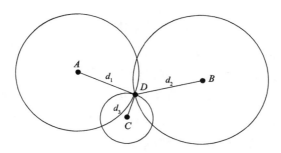

图 2-9　三边测量法

三边测量不仅可以扩展到多边测量，三角测量也可以转化为三边测量法求解。

2）质心定位法

质心定位法的基本思想是使用待测节点周围的参考节点组成多边形，将多边形的几何中心坐标作为待测节点的估算坐标。

在质心定位算法中，首先通过广播信号确定待测节点周围的参考节点，然后以这些参考节点坐标的平均值作为待测节点的估算坐标。算法简单易行，但要达到合适的精度需要一定的节点部署密度。

3）APIT 定位算法

APIT（approximate point-in-triangulation）是通过区域划分进行定位的方法，基本思想是利用包含待测节点的三角形的交集确定待测节点位置。APIT算法的基本过程为：①随机挑选待测节点周围的三个参考点构成一个三角形；②测试待测节点是否为该三角形内点，是则保留，否则舍弃；③多次重复前两步，计算保留的三角形的重叠区域；④计算重叠区域的质点作为待测节点的位置坐标。

4）DV-Hop 算法

DV-Hop（distance vector-hop）是一种不依赖测距技术支持，利用节点间的跳数对距离进行估计的方法，多用于对定位精度要求不高或不具有测距技术支持的应用场景。该方法主要有三个步骤：①计算各参考节点与已知节点之间存在的最小跳数；②根据各参考节点与已知节点之间的距离计算平均每跳距离；③根据跳数和平均每跳距离估算距离数据，计算待定位节点坐标。

2.3.3 案例分析

近年来，随着无线通信技术的广泛应用，车辆 GPS、手机、交通卡等空间行为大数据被用来精确地揭示人类行为移动模式，从而解释城市的社会经济环境。如今，可利用的空间行为大数据已经包括移动电话数据、车辆轨迹数据、智能卡数据、Wi-Fi 和蓝牙数据、社交媒体用户数据等。这些空间行为大数据为确定人类的生活模式提供了一个非常有价值的来源，因为大数据可以记录连续的空间行为，而且随时间和空间精确变化。

研究使用这些数据，可以细致揭示城市居民个体不同空间和时间下的交通出行模式。近几年，包含交通智能卡和手机运营商数据在内的城市轨迹大数据，正在成为国内外科学研究和商业应用的热点。随着数据处理、模型设计、统计验证方法的不断成熟，大数据正在被不断地应用到城市生活不同场景的实践中。

例如，交通智能卡数据，交通智能卡（smart card）最初应用于公共交通的自动收费系统，如公共汽车、地铁和停车场。智能卡系统也被引入商店、餐馆和医院。如今，几乎在世界各大城市都有自己的智能卡系统。虽然交通智能卡的主要目的是收集收入信息，但同时也产生了大量非常详细的交易数据信息。这些数据既可以帮助公交系统的日常运营，也可以用于相关网络的长期战略规划。可实现三级管理的各种用途，即战略（中长期规划）、战术（服务调整和网络发展）和运作（客流统计和绩效指标）。通常智能卡包含的信息包括卡 ID、交易数据（时间、类型和车费）、旅行数据（出行模式、时间、票价、车站和路线 ID）和个人识别数据。因此，智能卡中的数据可以用于出行需求预测或个人出行模式检测。然而，不同于基于距离的票价，智能卡数据没有登记行程，仅有出入站地点，因此，使用智能卡数据面临的一个主要挑战是如何识别一个完整的旅行轨迹、估计各种多通道传输的可能。

学者们利用智能卡数据进行了多方面研究。例如，使用伦敦智能卡数据中的个人旅行信息，揭示城市的结构，提供新的方法来模拟城市系统的流量；基于北京市 14 个工作日的地铁刷卡客流量数据，将 195 个地铁站点分为居住导向型、就业导向型、职住错位型、错位偏居住型、错位偏就业型、混合型、综合型及其他型 8 种不同类型；使用上海申通地铁数据，对世博会期间上海轨道交通客流特征进行统计分析。

所有这些实证研究表明，智能卡数据对理解城市系统的动态（各种旅行行为和交通规划）非常有效。国内外学者在公共交通中使用智能卡数据进行的研究主要分为三大类：①战略层面上，涉及长期的网络规划、客户行为分析和需求预测；②战术层面上，重点是地铁时刻表调整、纵向和个别的出行模式；③业务层面上，研究相关的供应和需求指标，以及如何完善智能卡系统可操作性。一旦智能卡搭载上持卡人资料，如采用使用者实名制登记，其所呈现的信息的社会人口属性会更强。

在超市领域，利用顾客购物轨迹进行用户行为分析也是一种常见的服务改进措施。超市顾客购物轨迹数据采集方案模型的总体架构由数据感知层、数据传输层以及数据应用层三部分组成，涵盖了购物轨迹数据的采集、传输和存储的整个过程。数据感知层由智能购物车和智能货架实现；数据传输层为 Wi-Fi 网络；应用层是中心服务器中的顾客购物轨迹数据库，它包括顾客购物移动轨迹数据库、顾客选购商品数据库两部分数据的存储。

超市顾客购物轨迹数据采集方案是以 RFID 技术及 UWB 定位技术分别作为构建智能购物车、智能超市货架功能中顾客移动轨迹数据和顾客选购商品数据的采集基础。其中的智能购物车可以通过在普通购物车的车体上安装车载智能终端进行改造，该智能终端加载了 RFID 阅读器、平板电脑、UWB 标签和车载电源等模块，具有 RFID 识别、Wi-Fi 数据传输、高清晰多媒体和 UWB 定位的功能。智能超市货架采用 RFID 技术进行设计，通过阅读器天线接收货架上的商品电子标签，读取电子标签信息，同时通过 Wi-Fi 网络与中心服务器建立通信联系，实时监控货架上商品数量的变化。

第 3 章 大数据预处理

3.1 数据预处理技术

数据预处理（data preprocessing）是指在对数据进行数据挖掘、数据分析等主要的处理前，先对原始数据进行必要的清洗、集成、转换、离散和归约等一系列的处理操作。目前数据预处理的常用方法包括数据清理、数据集成、数据变换及数据归约。

3.1.1 数据清理

数据清理主要处理空缺值，平滑噪声数据（脏数据），识别、删除孤立点。数据清理的基本方法有以下几种。

1）空缺值处理

目前最常用的方法是使用最可能的值填充空缺值，如可以用回归、贝叶斯形式化方法工具或判定树归纳等确定空缺值。这类方法依靠现有的数据信息来推测空缺值，使空缺值有更大的机会保持与其他属性之间的联系。还有其他一些方法来处理空缺值，如用一个全局常量替换空缺值使用属性的平均值填充。空缺值或将所有元组按某些属性分类，然后用同一类中属性的平均值填充空缺值。但是如果空缺值很多，这些方法可能导致数据的偏差。

2）噪声数据处理

噪声是一个测量变量中的随机错误或偏差，包括错误的值或偏离期望的孤立点值。可以用以下的数据平滑技术来平滑噪声数据，识别和删除孤立点。

（1）分箱。将存储的值分布到一些箱中，用箱中的数据值来局部平滑存储数据的值。具体可以采用按箱平均值平滑、按箱中值平滑和按箱边界平滑等方式。

（2）回归。可以找到恰当的回归函数来平滑数据。线性回归要找出适合两个变量的"最佳"直线，使得一个变量能预测另一个，多线性回归涉及多个变量，因此数据要适合一个多维面。

（3）计算机检查和人工检查结合。可以通过计算机将被判定数据与已知的正常值比较，将差异程度大于某个阈值的模式输出到一个表中，然后人工审核表中的模式，识别出孤立点。

（4）聚类。将类似的值组织成群或"聚类"，落在聚类集合之外的值被视为孤立点。孤立点模式可能是垃圾数据，也可能是提供信息的重要数据。垃圾模式将从数据库中予以清除。

3.1.2　数据集成

数据集成就是将多个数据源中的数据合并存放在一个同一的数据存储（如数据仓库、数据库等）中，数据源可以是多个数据库、数据立方体或一般的数据文件。数据集成主要涉及三个问题。第一，模式集成涉及实体识别，即如何将不同信息源中的实体匹配来进行模式集成。通常借助于数据库或数据仓库的元数据进行模式识别。第二，冗余。数据集成往往导致数据冗余，如同一属性多次出现、同一属性命名不一致等。对于属性间冗余可以用相关分析检测到，然后删除。第三，数据值冲突的检测与处理。由于表示、比例、编码等的不同，现实世界中的同一实体，在不同数据源的属性值可能不同。这种数据语义上的歧义性是数据集成的最大难点。

3.1.3　数据变换

数据变换的目的是将数据转换或统一成适合于挖掘的形式。数据变换主要涉及如下内容。

（1）光滑。去掉数据中的噪声。这种技术包括分箱、回归和聚类等。

（2）聚集。对数据进行汇总或聚集。例如，可以聚集日销售数据，计算月和年销售量。通常，这一步用来为多粒度数据分析构造数据立方体。

（3）数据泛化。使用概念分层，用高层概念替换低层或"原始"数据。

例如，分类的属性街道可以泛化为较高层的概念，如城市或国家。类似地，数值属性年龄可以映射到较高层概念如青年、中年和老年。

（4）规范化。将属性数据按比例缩放，使之落入一个小的特定区间。

（5）属性构造（或特征构造）。可以构造新的属性并添加到属性集中，以帮助挖掘过程。

3.1.4　数据归约

数据归约技术可以用来得到数据集的归约表示，它接近于保持原数据的完整性，但数据量比原数据小得多。与非归约数据相比，在归约的数据上进行挖掘，所需的时间和内存资源更少，挖掘将更有效，并产生相同或几乎相同的分析结果。目前主要有以下几种数据归约的方法。

1. 维归约

通过删除不相关的属性（或维）减少数据量。不仅压缩了数据集，还减少了出现在发现模式上的属性数目。通常采用属性子集选择方法找出最小属性集，使得数据类的概率分布尽可能地接近使用所有属性的原分布。属性子集选择的启发式方法技术有以下几种。

（1）逐步向前选择。由空属性集开始，将原属性集中"最好的"属性逐步添加到该集合中。

（2）逐步向后删除。由整个属性集开始，每一步删除当前属性集中的"最坏"属性。

（3）向前选择和向后删除的结合。每一步选择"最好的"属性，删除"最坏的"属性。

（4）判定树归纳。使用信息增益度量建立分类判定树，树中的属性形成归约后的属性子集。

2. 数据压缩

应用数据编码或变换，得到原数据的归约或压缩表示。数据压缩分为无损压缩和有损压缩。比较流行和有效的有损数据压缩方法是小波变换和主要成分分析。小波变换对于稀疏或倾斜数据及具有有序属性的数据有很好的压缩结果。主要成分分析计算花费低，可以用于有序或无序的属性，并且可以处理稀疏或倾斜数据。

3. 数值归约

数值归约通过选择替代的、较小的数据表示形式来减少数据量。数值归约技术可以是有参的，也可以是无参的。

有参方法是使用一个模型来评估数据，只需存放参数，而不需要存放实际数据。有参的数值归约技术主要有线性回归和多元回归两种。

无参的数值归约技术有 3 种：①直方图，采用分箱技术来近似数据分布，是一种流行的数值归约形式。其中 V—最优和 MaxDiff 直方图较为精确和实用；②聚类，聚类是将数据元组视为对象，它将对象划分为群或聚类，使得在一个聚类中的对象"类似"，而与其他聚类中的对象"不类似"，在数据归约时用数据的聚类代替实际数据；③选样，用数据的较小随机样本表示大的数据集，如简单选样、聚类选样和分层选样等。

4. 概念分层

概念分层通过收集并用较高层的概念替换较低层的概念来定义数值属性的一个离散化。概念分层可以用来归约数据，通过这种概化尽管细节丢失了，但概化后的数据更有意义、更容易理解，并且所需的空间比原数据少。

对于数值属性，由于数据的可能取值范围的多样性和数据值的更新频繁，说明概念分层是困难的。数值属性的概念分层可以根据数据的分布分析自动地构造，如用分箱、直方图分析、聚类分标基于熵的离散化和自然划分分段等技术生成数值概念分层。分类数据本身是离散数据，一个分类属性具有有限个不同值，值之间无序。一种方法是由用户专家在模式级显示地说明属性的部分序或全序，从而获得概念的分层。另一种方法是只说明属性集，但不说明它们的偏序，由系统根据每个属性不同值的个数产生属性序，自动构造有意义的概念分层。

3.1.5 冲突数据处理

冲突分为模式冲突、标识符冲突和数据冲突。其中，模式冲突由数据源的模式异构引起，如属性名、语义等不同的情况；标识符冲突主要是指异名同义现象；数据冲突主要是指同一属性具有多种不同的值。冲突的解决一般是在实体或属性级别，采用识别函数。目前主要集中在实体级别的真假甄别和演化问题。

真假甄别问题也称事实（fact）甄别问题，即从所有冲突的值中甄别正确的值（真值），真值可以不止一个，但多个真值间语义上相同。影响真值度量的因素可分为数据源的复制关系和依赖关系，以及值的新鲜度和相似度。对于真值的度量一般采用投票的策略并在此基础上进行独立性衰减，然后根据值的置信度、值的贝叶斯后验概率（用数据源的精度和复制概率表示），或者以源的独立性、组的可靠性、值的真实性为参数设定真值的完全分布函数，并将对数似然值最大化求下界推理得到真值结果。这些方法侧重于有效地检测假数据的正相关性，但不适用于真实数据的正相关或负相关，并且模型依赖于单一真值的假设。然而，某些事实可以有多个真值，如某人可能有多个职业。所以，真值度量因素中又增加了多真值，源的正、负相关性，值演化性及数据抽取维度等不确定因素。其中，值的演化性用一定时间区间内数据项值的一组状态变迁序列度量。

实体演化是指实体随时间演化会出现看似不相似的记录表示同一实体的现象，但已有的方法大多是判别相似记录是否表示同一实体，不适合这种情况。这是因为实体的属性值可能随时间变化。所以，对于随时间变化的实体，需要细粒度分析变化。最早实体演化建模采用时间衰减模型捕获实体属性值在时间跨度范围内改变的可能性。其中，采用歧义衰减度量相同属性值变得不一样的概率，一致性衰减度量不同属性值变得一样的概率，但这都只捕获了属性值变或不变的概率，为此出现了采用突变模型来学习随时间推移属性值再次出现的概率加以改进的方法，这种方法考虑了属性值来回变化的情况和实体内/间的演化，依据全部历史时间点做决策。

冲突解决是大数据融合的必要条件，它的第一要务是消歧。大数据的真实性和演化性是引发冲突的导火索，如数据本身的新鲜度和贡献给特定查询的价值量等，这就引发了新鲜度和价值量不同的多真值问题，需要评估信息质量，合并不确定性信息。此外，知识融合中推演出的关系也可能对其起到启发作用，所以要将这种新知识动态地引入冲突解决过程，并保持这种知识的演化。

3.1.6　案例分析

1. 医院信息系统

医院信息系统（hospital information system，HIS）是迄今为止最为复杂的企业级信息系统之一。HIS 将医院病人就诊的所有科室和医院的职能科室等各个环节有机地连为一个整体，处理医疗事务和管理业务，完成医疗、业务数据的整理和分析。HIS 用于医院各类资源信息的系统整合，以提高医院的事务处理水平。

HIS 在操作型数据库上积累了大量的业务数据，数据项繁杂。收集的海量数据往往被沉淀，变成了难以利用的数据档案。激增的数据资源背后隐藏着许多重要的、有价值的信息。

如何快速、准确地从这些数据中提取信息，以便降低成本、优化就诊流程和提高医院工作效率，已成为数字化医院建设的内在原动力。

按照 HIS 功能的特点，HIS 可划分为以财务为核心的医院管理信息系统和以病人为中心的临床信息系统。

医院数据仓库建设中存在一个关键的争论就是如何规划数据仓库的结构。一种观点认为应该采用"自顶向下"的整体方法，一次性地创建整个数据仓库。这种方法不适应中国的医疗界现状。大多数医院并没有配置完整的信息系统，无法一次性完成整体创建。此外，这种方式也无法适应未来的业务调整。另一种是"自底向上"的观点，认为可将各种无关的、迥异的数据集市装配成企业级数据仓库。这种方法比较适合医院目前的现状。

医院数据仓库涉及 HIS 中业务数据的抽取、转换、装载、数据存取、元数据管理、查询、报表、分析工具和相应的开发方法（图 3-1）。

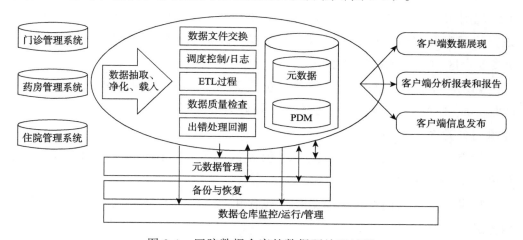

图 3-1　医院数据仓库的数据预处理过程

2. 数据缩减

再以某仪器仪表公司销售数据作为训练集数据来说明如何在数据挖掘前进

行数据缩减。该公司销售流量计、液位仪等工业用仪表。影响销售业务的有产品、客户、供应商、时间、地区等。

首先需要插补缺失数据、平滑噪声数据、校正不一致数据，接下来考虑从以下几个方面对数据集进行缩减。

1）使用标识技术缩减数据集规模

这是一种为数据集中的元组建立一些标识来缩减数据规模的方法。为了减少数据集中存在的数据冗余，可以对某一属性值的数据建立标识，如将 contact 列中属性值 Julie Pang 标识为 01、Li Yun 标识为 02，将 customer ID 列中属性值 3002 标识为 01、4001 标识为 02，这样记录就可以被极为方便地简化。经过标识后的数据集存储空间也大大缩小。

2）离散化和数据概念分层

采用离散化技术可以将属性值域划分为区间，以减少给定连续属性值的个数，缩减数据规模。离散化技术提供了对属性值的多层或多分解划分，即概念分层。事实上，概化后的数据更有意义、更容易理解，并且所需的存储空间也比原数据集少。如在销售事实 sales 表中，customer ID（客户号）是离散数据，可以显式地按 customer ID 的不同取值来定义区间，形成客户组。对于地区维可以将属性值聚合形成概念分层。对于数值属性来说，其数据取值范围广，且数据值更新较频繁，因而概念分层相对困难。Jiawei Han 介绍了一种 3-4-5 规则用于将数值数据划分为相对一致且自然的区间，划分方法比较简单。该方法观察数据值的最大值和最高有效位，递归地将给定数据区域划分为 3、4 或 5 个区间。该规则定义如下。

如果一个区间内在最高有效位上包含 3、6、7 或 9 个不同的值，则将该区间划分成 3 个区间（对于 3、6 和 9，划分为 3 个等宽区间；对于 7，按 2-3-2 分组划分为 3 个区间）。

如果一个区间内在最高有效位上包含 2、4 或 8 个不同的值，则将该区间划分成 4 个等宽区间。

如果一个区间内在最高有效位上包含 1、5 或 10 个不同的值，则将该区间划分成 5 个等宽区间。

例如，在销售事实表中，销售金额最小值 min=2.80，最大值 max=127 725.00，最高有效位为 100 000，则定义 high=100 000，low=0，将其划分为 4 个等值区间，即 [0,25 000)、[25 000,50 000)、[50 000,75 000)、[75 000,100 000)。由于 max>high 并且 min>low，所以单独创建一个区间把 max 包含进去 [100 000,127 725) 并调

整第一个区间为 $[2.8, 25\,000)$。

上述的概念分层策略均基于领域知识的自然划分，划分结果比较直观、易于理解。

3.2 模式/本体对齐

3.2.1 本体及本体对齐概念

本体（ontology）在最开始的时候只是一个哲学上的概念，是用来研究客观世界的本质。

20 世纪 80 年代，起初本体论是传播到信息科学领域，一直到后来才逐渐地被借鉴到人工智能和知识工程等领域，信息科学领域的研究人员借鉴了本体论这一概念，在开发知识库或知识系统的时候用来获取领域知识。

ontology 是近年信息科学界最热门的词汇之一，国内一般将其译为"本体"。知识工程学者借用这个概念是为了解决知识共享中的问题。人们发现，知识难以共享常常是因为大家对同一件事用了不同的术语来表达。于是人们提出，如果能找出事物的本质，并以此统一知识的组织和知识的表达，使之成为大家普遍接受的规范，就有可能解决知识共享中的问题。基于本体的知识表示是本体的理论和方法在实践中的应用。

1991 年，Neches 等最早给出本体在信息科学中的定义，"给出构成相关领域词汇的基本术语和关系，以及利用这些术语和关系构成的规定这些词汇外延规则的定义"。后来在信息系统、知识系统等领域，随着越来越多的人研究本体，产生了不同的定义。1993 年，Gruber 定义本体为"概念模型的明确的规范说明"。1997 年，Borst 进一步完善为"共享概念模型的形式化规范说明"。

Studer 等在对上述两个定义进行了深入研究后，认为本体是共享概念模型的明确的形式化规范说明，这也是目前对本体概念的统一看法。Studer 等的本体定义包含四层含义：概念模型（conceptualization）、明确（explicit）、形式化（formal）和共享（share）。概念模型是指通过抽象出客观世界中一些现象的相关概念而得到的模型，其表示的含义独立于具体的环境状态；明确是指所使用的概念及使用这些概念的约束都有明确的定义；形式化是指本体是计算机可读的，也就是计算机可处理的；共享是指本体中体现的是共同认可的知识，反映的是相关领域中公认的概念集，它所针对的是团体而非个体。本体的目标是捕获相关领域的知识，提供对该领域知识的共同理解，确定该领域内共同认可的词汇，并从不同层次的形式化模式上给出这些词汇（术语）和词汇之间相互关系的明确定义，通过概念之间的关系来描述概念的语义。在计算机领域讨论本体，就要讨论如何表达共识，也就是概念的形式化问题。

本体中包含的基本单元应该分为 5 类：①函数（functions），特殊的关系；②公理（axioms），一种断言；③类（classes），类似于面向对象中的类的概念，是一个对象的集合；④实例（instances），某个类的实现，也就是类的一个对象；⑤关系（relations），概念之间的相互作用。

其中，本体间最基本的关系分为整体与部分的关系（part of）、父子关系（kind-of）、概念与实体间的关系（instance-of）、概念与属性间的关系（attribute-of）四种类型。本体的大致元素构成如图 3-2 所示。

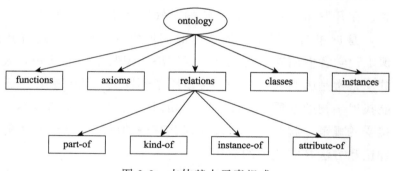

图 3-2　本体基本元素组成

简单来说，本体对齐就是发现不同本体的实体语义关系，判断来自不同本体的两个实体是否指向现实世界中的同一种对象，从而实现本体之间的匹配映射。其实质就是相似度的匹配，输入待匹配的本体，经过相似度计算以及参数的设置，最终得到本体对齐的结果。需要进行对齐的实体可以分为概念、属性、关系词三种类型。实体对齐结果类型也分为一对一、一对多和多对一三种，大部分情况都是一对一的匹配。本体匹配的结果可以用四元组来表示：{id,e1,e2,s}。其中，id 表示这一映射的标号；e1 和 e2 分别来自不同本体中的实体；s 表示该实体对的相似度。

模式/本体对齐解决两个模式元素之间的一致性问题主要是利用属性名称、类型、值的相似性及属性之间的邻接关系寻找源模式与中介模式的对应关系。为了应对大数据的新特征出现了演化模型、概率模型和深度匹配方法。演化模型主要是检测模式映射的演化，采用尽力而为、模糊回答的方式，在一定程度上解决了数据多样性和高速性带来的问题。概率模型将中介模式按语义表示成源属性的聚类，由此源模式会出现与其有不同程度对应关系的多个候选中介模式，然后根据查询请求为每个候选中介模式分配一个备选概率来确定最佳映射。深度匹配方法面向概念级，基于潜在的语义匹配，而不仅仅依赖于可见属性。

本体是针对特定领域中的概念而言的，用来弥合词汇异构性和语义歧义的间隙，本体对齐主要解决本体不一致问题，需要识别本体演化，本体演化分为原子变化、混合变化和复杂变化。原子变化反映单个本体的变化，混合变化修改本体实体的邻居，复杂变化是前两者的复合体。有时原子变化也叫基本变化，混合变化和复杂变化统称为复杂变化，这些变化通过日志和本体版本差异获得。一般在概念级和实例级检测时，采用图论方法表示本体变化，引入 SetPi 运算来建模本体演化过程，采用一致性约束跟踪本体的全局演化过程实现可溯源，采用 Pellet 推理检测不一致性，采用多重相似度度量与本体树结合实现多策略的本体匹配。

3.2.2 本体对齐的过程

本体对齐的过程大致可以分为 5 个步骤：①本体的选择；②本体预处理；③解析本体，并进行特征提取；④相似性的计算；⑤相似实体对的输出。

该过程的简单流程如图 3-3 所示。

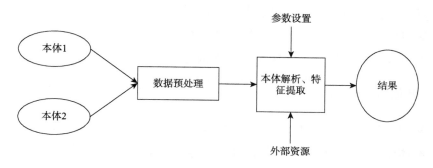

图 3-3　本体对齐流程图

1. 本体的选择

本体的选择首先是根据需求和目的，寻找相关领域的本体。如果不能判断本体的好坏，可以根据相应的方法（专家调查法）对本体进行评估。其次，既然是实体匹配，那么这两个本体必定有相似的元素，这需要简单的人工审查来确定。当然也可以自己搭建本体，自己构建的本体的数据量可以控制，结构也可以把控，这样处理的时候可以更加简单。

2. 本体预处理

因为本体具有异构性，所以需要本体预处理。本体预处理就是为了本体对齐的顺利进行及提高对齐的效率和准确率。实际上本体预处理就是对将要进行对齐的两个本体进行格式的调整，将本体统一成相同的格式，然后对本体中的词汇进行标准化处理。例如，将不同本体中描述实体的不同标签表述成同一种形式，更方便处理；将不同本体中实体调成相同的格式，以方便操作，还可以使对齐结果更加清晰明了；等等。本体预处理可以自己手工进行，也可以利用如今比较通用的本体编辑器进行。

3. 解析本体并进行特征提取

本体解析首先可以使用 Jena 开源包来实现全方位的解析，可以得到本体中的类别、对象属性、数据值属性及所有的三元组等，这样就可以提取出本体中的所有实体。其次就是对实体特征的提取，如概念实体的实例、属性、关系，也就是对实体对相似度计量时所需信息的提取，所以在提取实体的特征信息时，需要考虑在相似度计算过程中所需要的方法。例如，利用基于文本的方法，就可以提取出本体中实体的 label 关键字部分信息，这样就可以进行基于编辑距离的相似度计算。又如，利用基于结构的方法，由于本体存在着很多的上下位关系，可以把本体当成树状结构来处理，这样解析本体就可以得到层次、父子节点个数、邻居节点个数等特征信息，用这些信息来构建向量，就可以进行相似度比较。

4. 相似性的计算

语义相似度的计算是本体对齐的关键。既然本体对齐是实体对的对齐，那么两个本体中肯定会有一些实体不相似，为了省去一些不必要的计算，本体对齐之前可以利用算法找到待匹配的实体对，这样就没有必要用源本体中的实体去和待匹配本体中的全体实体进行一一比较。目前比较前沿的寻找待匹配实体对的技术是分区索引技术。本体对齐的相似度计算方法有很多，可分为基于文本信息的方法和基于结构的方法。基于文本信息的相似度计算可以计算实体名称的相似度，实例的相似度及属性的相似度，基于文本信息的相似度计算有时可以利用到一些外部资源，如 WordNet，已有学者提出了基于 WordNet 的英文实体对相似度计算的方法。基于结构的相似度计算可以把本体视作模型结构来采取实体的结构信息，如 RDF 图模型，这样就可以计算实体的邻居节点及邻居节点个数的相似度。一般来说，本体对齐进行相似度计算时，基于文本信息和基于结构的方法都要用到，并且国内很早就有学者提出了综合的语义相似度计算方法，目前国内外很多本体对齐系统也都是采用综合语义相似度比较来进行实体对齐，其效果会有很大的提高。

5. 相似实体对的输出

在得到了匹配实体对的综合相似度后，需要做的是设定一个阈值 T，来将相似度与该阈值比较，通常情况下实体对的语义相似度大于 T，则相似；小于 T，则不相似。通常情况下阈值设置为 0.5。

3.2.3　案例分析

下面通过一个具体的案例来进行说明。

该方法结合了基于词汇和基于语义知识两种方式，词汇方法用于匹配步骤之前预处理输入本体的字符串，基于语义知识的部分使用词汇资源以更好地选择替代词。其架构如图 3-4 所示。

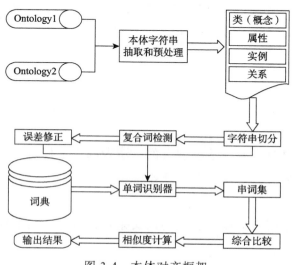

图 3-4　本体对齐框架

首先，系统从输入本体中收集到字符串属性；其次，在单词抽取阶段，系统从早期收集的字符串中抽取出单词；最后，系统对本体元素所对应的字符串进行语义匹配。

词汇抽取是实现良好的本体对齐的基础。因为本体所包含的是领域知识而不是原始数据，因此将包含在词典中的本体元素标签视为现实世界中的实体对象。而在本体构建过程中，由于本体构建者自己的疏忽及表达方式的不同，本体元素标签可能是任意形式的字符串，这需要在进行匹配之前预处理为标准状态。

这样的情况包括损坏的或拼写错误的单词、内部缺少标点符号分割的复合词、单词和数字的组合、错误单词与正确单词的组合。

词汇抽取使用了一些方法的集合来进行实现，为了系统的可重用性，可对这些方法进行扩展和完善。词汇抽取包括以下几个阶段。

1）预处理

预处理阶段流程如图 3-5 所示，从本体元素中抽取出字符串并按照类型放入不同的分组中。其中忽略匿名类和缺少标签名称的元素。

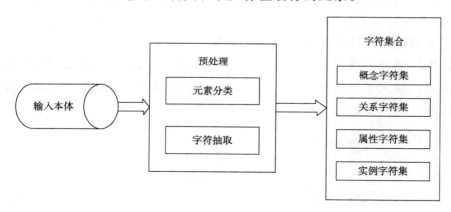

图 3-5　预处理流程

2）字符串分割

这一步骤主要对字符串依据现有的、清晰的内部标点符号来进行分割，具体的分割符有空格、下划线、连字符等。

3）单词识别器

单词识别器是用来提取有意义的词义条目，这些条目能够在词典中进行定位查找和精确匹配。

4）复合词分析器

通常对复合词的分析和分词技术采用自然语言处理的方法来处理缺少边界的情况，中文便是这种情况，在其他的语言中（如英语）常将几个词组合在一起来表达某个特定的含义，对于这种情况，单词分割和单词识别非常必要。单词识别器使用词典和一些似然理论来识别组合单词。复合词分析器通过一组步骤来侦测可能并列词，该分析器使用多功能词典实体将输入字符串划分为多个单词，此方法无需插入、删除、交换、替换、重排等特殊操作，如图 3-6 所示。

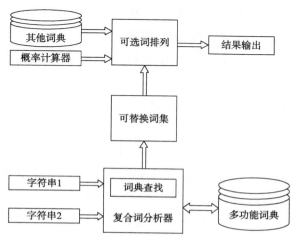

图 3-6　复合词分析器流程图

3.3　实体链接

实体链接的关键是实体识别，主要是识别相似实体和消除实体歧义。相似指多个命名实体表象可对应到一个真实实体（或称概念），歧义指一个实体表象可对应到多个真实实体。根据数据类型的不同，实体识别方法分为面向非结构化文本的命名实体识别与消歧、面向结构化数据的记录链接和两种数据类型之间的复杂数据实体关联方法。

3.3.1　命名实体识别

命名实体识别先后出现了针对单查询、文档、短文本及社会媒体这 3 种类型的识别方法。

　　命名实体识别最早针对单查询，且局限于维基百科和新闻文章，利用维基百科文章与提及的上下文相似性消除专有名词的歧义性，或用统计识别方法识别命名实体并用多种提及方法来联合消歧，如采用实体分类作为上下文相似度向量的一部分。

　　随着 Web 技术的发展，需要从普通文档中识别实体。最早采用以未知实体的显式模型来识别未知实体的方法，接着在一小部分已存在的维基百科链接上建立分类训练器，并用最频繁感知基准来度量相似度或采用短语的歧义度作为其被提及的度量指标，捕捉歧义候选对象之间的语义关联关系来识别实体。在此基础上，出现了采用监督学习先验相似性，并采取近似算法求解联合概率分布的最大后验估计的联合推理方法。对于文档中提及的全局一致性，一般采用提及的迭代消歧方式解决，考虑实体间的语义相关性，但对领域和语料变化敏感。

　　随着社会媒体的发展，目前命名实体识别更倾向于社交网络、短文本，特别是微博平台，一般采用字典和启发式词组联合识别，或者加入微博的特殊句法（如#、@等）做过滤器联合推理。也有将各种相似度度量方法综合，当实体不在知识库中时，采用从已知实体的特征（关键字句）随机抽样得到的未知实体表示的方法识别实体。

3.3.2　记录链接

　　记录链接是从数据集中识别和聚合表示现实世界中同一实体的记录（也称实体表象），即对相似达到一定阈值的记录做聚类操作（也称共指识别）。相似性一般根据领域知识设定匹配规则度量，也可用机器学习训练分类器的方法实现或利用编辑距离或欧氏距离计算。做出表象局部相似性判断后，接下来的工作是对实体进行邻接性聚类、相关性聚类或密度聚类。其中，后两类聚类采用奖励高内聚、惩罚高相关性保证歧义最小的方法与大数据的"差序"关系相辅相成。但这些方法是非增量式聚类，难以应对大数据的海量性，考虑到大数据的相互关联对实体匹配的局部决策和全局一致性的影响，以及数据更新可以及时弥补聚类过程中的错误聚类，出现了增量记录链接方法，主要以匹配规则的演化和数据的演化为依据探讨记录链接的增量问题。

由于大数据的海量性，在相似性计算之前先根据实体的一个或多个属性值将输入记录划分为多个块，进行块内比较，提高链接效率。分块技术按分块函数数量分为单分块技术和多分块技术；按冗余程度又可分为冗余消极、冗余中立和冗余积极三种。通常采用多分块技术与冗余积极相结合的方法，因为大数据富含冗余信息且实体的属性多样。单分块技术存在假负现象和仅适用于高质量先验模式属性的情况，冗余消极和冗余中立在创建块时需要先验知识。但多分块与冗余积极相结合的方法引发了重复比较、多余比较和不匹配比较，因而，出现了借助 MapReduce 并行分块和引入 Meta-blocking 直接优化分块的方法。Meta-blocking 技术首先将信息封装在块分配集并构建块图，然后将问题转化为度量图中边的权重和图修剪问题。这种做法独立于底层的分块技术，与模式无关，具有通用性。但是，它没有从本质上代替原有的分块技术，依赖于底层块集合的冗余程度，并且分块图的构建通过调整块构建方法中的相应参数得到。因此，目前需要一种不依赖于底层块集合的冗余程度低且模式无关的分块方法。

3.3.3　复杂数据实体关联

结构化数据与非结构化数据也存在关联关系，我们将这两者的关联称为复杂数据实体关联，它的核心任务是表象消歧。早期研究集中于从文档中识别与数据库实体对应的表象，代表性系统是 Score 和 Erocs，分别采用关键字匹配和词共现原理寻求两者的对应关系。后来，针对评论信息中的实体与数据库对象的相关性，提出一种不需要识别评论中实体就能完成匹配的产生式语言模型。接着针对在线供应商的无结构产品信息与结构化的商品清单信息做链接，提出基于语义理解的有监督的学习方法。这些方法都无法处理实体演化的情况。

当下研究的热点转为寻找 Web 文本中命名实体提及与知识库中命名实体的关联关系，这种对应关系分为可链接和不可链接两种。不可链接是指知识库中不存在对应实体的情况，否则为可链接；可链接关系的核心是在知识库中寻找最优匹配实体，通过产生候选对象并对其排序得到。

候选链接的产生可以通过图论的方法，借助语义知识和概率模型得到。如果是面向社会媒体，则可以利用用户兴趣等链接关系。候选链接的排序按影响因素可以分为与实体的上下文信息无关和与实体的上下文信息相关两种。

3.3.4 案例分析

下面介绍一个基于 Wikipedia 的实体链接。本节尝试了两种途径进行聚类分析。第一种是基于关键词的聚类分析。在 Citespace 中，为控制节点和边的数量在一个合适的范围内—— 既不过大也不过小（不超过 1 000，不低于 500），经过多次阈值调节的实验，最终选取了一组较为合适的阈值（下同）。选取节点类型为 Keyword，将阈值设为（3，2，15）、（3，2，15）、（3，2，15），采用 Path-finder 算法提取出其中较为重要的关键词，并将主要的文献进行归类。经 Citespace 分析得出的结果，共有 591 个节点与 2 050 条边。

Citespace 将这些 keywords 分成了 11 类，且类与类之间存在重叠现象，这符合客观规律。然而仔细分析这 11 类的详细分类情况，可以发现结果并不科学，因此放弃了此种途径的分析。

第二种途径是以文献本身为研究对象，通过同被引来进行聚类。结果表明，此种途径是更好的选择。将阈值设定为（6，2，20）、（5，3，18）、（4，4，15），节点类型选为"cited reference"，分析结果得到了 785 个节点（被引文献）和 6 349 条边（文献之间的引用关系），通过 tf*idf（词频-逆文档频率）聚类，用 title terms 来对各个类进行标签。

经过 Citespace 自动聚类，这 785 篇文献分成了 84 类，每个子类都代表着生物医学领域的一个小的分支，如子类 RNA、virus infection（病毒传染）、humangenome（人类基因组）等，它们中间有交叉，但又不完全相同。为研究这些由文献组成的类随时间的变化而出现频率变化的情况，利用 Citespace 得到了这些类在时间上的分布图。

图中类对应的横向粗线代表了该类在时间轴上出现的分布状况，粗线越长，所跨的时间就越长。

选取其中节点数排名前三的类来进一步分析（这三类所拥有的节点数之和占据了所有节点的 1/3）。将数据直接导出到 Excel，排名前三的类分别为类 80（gene）、类 20（human risc）和类 44（cell development），其节点数分别为 95、90、64。可以说，这三大类占据了大部分的节点，同时，这三类之间也有"重叠"现象。通过对文献发表的时间进行分析，得出了这三大类在时间轴上的引文分布。类 80（gene）的论文涵盖的时间区域较为广泛，基本涵盖了所研究的整个时间区域，说明一直以来都是研究的热点。类 20（human risc）所覆盖的时间区域相对较小，大多论文都是在最近几年内发表的，但此类中，许多论文的 Burst 值较高，并且论文总数在 2005 年达到高峰。类 44（cell development）则主要集中在最近几年的时间范围内。

为验证分类的合理性，进一步结合了关键词的出现频数来确定生物医学领域的研究热点。利用在尝试第一种途径时得到的关键词频率数据，选出了出现次数大于 70 次的 8 个关键词术语，如表 3-1 所示。

表 3-1　出现频数排列前八的关键词

序号	出现频数	英文术语	中文术语
1	546	protein	蛋白质
2	284	gene-expression	基因表达
3	248	crystal-structure	晶体结构
4	276	activation	激活素
5	148	cell	细胞
6	108	messenger-rna	信使 RNA
7	85	mammalian-cells	哺乳动物细胞
8	74	Transcription-actor	转录因子

可见，这些高频词基本上能归到这三大类中去，protein、gene-expression、messenger-rna、transcriptionfactor 可以归在类 "gene" 里，cell、mammalian-cells 可以归在类 "cell development" 里，crystal-structure、activation 便属于类 "human risc"（人源 RISC 复合物，一种化学分子）的范畴。值得指出的是，由于利用软件进行自动聚类尚且存在一些缺陷，在选用标题词来给各个类进行标签的过程中，所选取的标题只能在一定程度上代表该类，但不能说完全涵盖了该领域的主题。

3.4　大数据溯源技术

3.4.1　数据溯源的定义

数据溯源是一个新兴的研究领域，诞生于 20 世纪 90 年代。目前，数据溯源还没有公认的定义，因应用领域不同而定义各异。例如，有科学家将数据溯源定义为从源数据到数据产品的衍生过程信息；或者为记录原始数据在整个生命周期内（从产生、传播到消亡）的演变信息和演变处理内容。在数据库领域，又将其定义为数据及其在数据库间运动的起源，还有一种定义称数据溯源是对目标数据衍生前的原始数据及演变过程的描述。

数据溯源是传统数据融合所不具备的功能，它用于建立大数据融合的可回溯机制，追溯融合结果的数据来源及演化过程，及时发现和更正错误。它的关键是数据起源的表示及数据演化中间过程的跟踪。其中，中间过程包括实体识别和冲突解决过程。所以，需要建立实体识别溯源机制，用于跟踪融合结果是由哪些待统一实体所产生；建立冲突解决溯源机制，用于处理融合结果元组中的每个值来自于哪些记录的哪个属性值及通过何种冲突解决方法得来。

3.4.2 数据溯源模型

目前，数据溯源模型主要有流溯源信息模型、四维溯源模型、Provenir 数据溯源模型、数据溯源安全模型、Print 数据溯源模型等。

1）流溯源信息模型

流溯源信息模型由 6 个相关实体构成，主要包括流实体（变化事件实体、兀数据实体和查询输入实体）和查询实体（变化事件实体、接收查询输入实体，包括兀数据实体），实体间关系密切，通过这种密切的关系可以根据数据的溯源时间来推断数据溯源。

2）四维溯源模型

四维溯源模型将溯源看成一系列离散的活动集，这些活动发生在整个工作流生命周期中，并由四个维度（时间、空间、层和数据流分布）组成四维溯源模型通过时间维区分标注链中处于不同活动层中的多个活动，进而通过追踪发生在不可工作流组件中的活动，捕获工作流溯源和支持工作流执行的数据溯源。

3）Provenir 数据溯源模型

Provenir 数据溯源模型使用 W3C 标准对模型加以逻辑描述，考虑了数据库和工作流两个领域的具体细节，从模型、存储到应用等方面形成了一个完整的体系，成为首个完整的数据溯源管理系统。该模型使用物化视图的方法有效解决了数据溯源的存储问题。

4）数据溯源安全模型

数据溯源技术能够溯本追源，通过其起源链的记录信息来实现追源的目的。但是，记录信息本身也是数据，因此同样存在安全隐患，为了防止有人恶意篡改数据溯源中起源链的相关信息，数据溯源的安全模型利用密钥树再生成的方法并引入时间戳参数，有效地防止有人恶意篡改溯源链中的溯源记录，对数据对象在生命周期内修改行为的记录按时间先后组成溯源链，用文档来记载数据的修改行为，当进行各种操作时，文档随着数据的演变而更新其内容，通过对文档添加一些无法修改的参数如时间戳、加密密钥、校验和等来限制操作权限，保护溯源链的安全。

5）Print 数据溯源模型

Print 数据溯源模型是一种支持实例级数据一体化进程的数据溯源模型。该模型主要集中解决一体化进程系统中不允许用户直接更新异构数据源而导致数据不一致的问题。Print 数据溯源模型提供的再现性是基于日志记录的操作，并将数据溯源纳入一体化进程。

3.4.3　数据溯源方法

目前，数据溯源追踪的主要方法有标注法和反向查询法，除此之外，还有通用的数据追踪方法、双向指针追踪法、利用图论思想和专用查询语言追踪法，以及以位向量存储定位等方法。

1）标注法

标注法是一种简单且有效的数据溯源方法，使用简单，通过记录处理相关的信息来追溯数据的历史状态，即用标注的方式来记录原始数据的一些重要信息，如背景、作者、时间、出处等，并让标注和数据一起传播，通过查看目标数据的标注来获得数据的溯源。Sudha 等提出的 7W 模型，就是采用标注法。事先标记并携带溯源信息完成数据溯源的模型被称为 eager 方法。采用标注法来进行数据溯源虽然简单，但存储标注信息需要额外的存储空间。

2）反向查询法

反向查询法，也称逆置函数法。由于标注法并不适合细粒度数据，特别是大数据集中的数据溯源，于是有研究人员提出了逆置函数反向查询法，此方法是通过逆向查询或构造逆向函数对查询求逆，或者说根据转换过程反向推导，由结果追溯到原数据的过程，这种方法是在需要时才计算，所以又叫 lazzy 方法。反向查询法关键是要构造出逆向函数，逆向函数构造的好与坏直接影响查询的效果以及算法的性能。与标注法相比，它比较复杂，但需要的存储空间比标注法要小。

3.4.4　案例分析

　　数据溯源最早仅用于数据库、数据仓库系统中，后来发展到对数据真实性要求比较高的各个领域，如生物、历史、考古、天文、医学等，随着互联网的迅猛发展及网络欺骗行为的频繁发生，对数据的真实性要求越来越高，数据溯源成为考究数据真假的有效途径，掀起了一波数据溯源研究的热潮。因此，数据溯源追踪逐渐扩展到计算机各行各业。目前，研究领域已经覆盖到地理信息系统、云计算、网格计算、普适计算、无线传感器网络和语义网络等方面。其中，数据溯源在数据库和工作流领域的研究最为流行。

　　在语义网的背景下，数据溯源是如何与其产生联系的呢？倪静等提出了PROV 数据溯源模型在语义网架构中的作用和地位，阐述了该模型的主要功能，深入解析了该标准的各项概念，构建了 PROV 模型的 Web 应用情境并进行描述，总结出该模型的 Web 应用特征。杨剑就语义关联数据网可互操作溯源构建的几个关键问题进行了研究，通过各方面的分析，深入阐述了构建语义关联数据网可互操作溯源中的规划和技术问题，并提出实践准则。沈志宏等对语义网环境下数据溯源在表达模型与技术上的研究进展进行了总结，重点研究了 Open Provenance Model、Provenir Ontology 与 Provenance Vocabulary 的描述方法和能力，结合科研环境，讨论了这些溯源模型在使用和推广上所面临的挑战。但是，语义网的构建尚未完成，上述模型的实现基于一定的条件，各种模型可能会面临在某些层次中适用但在更高的层次中难免出现某些问题的情况，由于现阶段科学技术的局限性，还不能快速地解决。

　　人们身边总是充斥着各种各样的资源，这些资源主要分为公开的与非公开的。但不管是何种资源，出于什么目的，我们无时无刻不在发现、利用和传播，在这整个过程中，是否合理地利用资源，成为人们所困惑的一大难题。尤其是处于信息化时代，资源传播的速度已经远远大于人们的想象，对于一些非公开的资源，大面积地传播、利用，会造成各种不良的影响。在这种情况下，数据溯源展现出了它本身独特的优势。李斌等提出了一种由业务控制节点、溯源数据依赖关系路径等要素组成的基于溯源数据的业务流程合规性检测模型，给出了相应的算法，并将其与传统面向业务过程的合规性检测架构整合与扩展，展示了其在合规性检测中的有效性及灵活性。王忠等的个人数据隐私泄露溯源机制设计阐述了在大数据环境下，个人数据的价值日益凸显，随之而来的泄露风险也逐渐增大，这种风险在对个人造成风险的同时，也对互联网的信用体系造成了很大的影响，所以必须设计一种隐私保护机制，从源头上对数据进行保护或者监管，以达到合理利用个人数据的目的。但是，上述模型针对的是隐私还未被泄露的人，假使一个人的隐私已经被泄露，那么该如何建立一种保护机制去快速地消除泄露出去的信息并对其他信息形成保护，这一问题成了数据溯源在合规性方面进一步发展的方向。

第4章 大数据存储与计算

4.1 大数据的基础架构

大数据的基础体系架构由数据存储层、分布式计算层、服务支撑层和应用服务层构成，各层次的设计方案及其相互关系说明如图 4-1 所示。

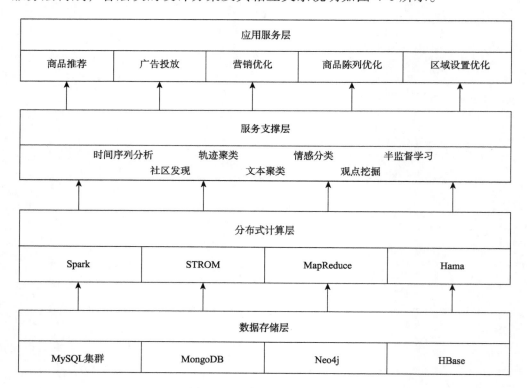

图 4-1 大数据的基础架构

4.1.1　数据存储层

数据存储层主要利用目前已有的 NoSQL（not only SQL）和分布式文件系统两类大数据存储技术。NoSQL 主要用于存储结构化数据，而分布式文件系统用于存储半结构化和非结构化数据。

NoSQL 用于替代传统的关系型数据库。由于具有模式自由、易于复制、提供简单 API、最终一致性和支持海量数据的特性，能适应大数据带来的多样性和规模的需求，NoSQL 数据库从而逐渐成为处理大数据的标准。

分布式文件系统可以将文件系统扩展到任意多个地点/文件系统，每个节点可以分布在不同的地点，所有节点组成一个文件系统网络，通过网络进行节点间的通信和数据传输，从而有效地解决数据的存储和管理难题。用户在使用分布式文件系统时，无需关心数据存储在哪个节点上或者是从哪个节点处获取，只需像使用本地文件系统一样管理和存储文件系统中的数据。常见的分布式文件系统有 GFS、HDFS、Lustre、Ceph、GridFS、mogileFS、TFS、FastDFS 等。

由于数据源的多源异构特征，应用中常常采用混合存储策略及多平台集成技术。分布式 MySQL 用于存储结构化数据和部分分析结果；分布式 MongoDB 用于存储商品评论、社交媒体等文本数据；Neo4j 用于大规模用户关系数据的分布式存储；扩展的 Hbase 用于用户移动轨迹数据存储，并在各存储模块之上分别部署相应的检索系统，进一步提供批量查询翻译器。

4.1.2　分布式计算层

大数据的处理技术主要包括以 Spark 为代表的内存计算技术、以 Hadoop 平台下的 MapReduce 为代表的分布式计算技术及基于 Redis 和 ZeroMQ 的流式计算技术。这三种技术适用的对象和解决的主要问题各不相同。内存计算技术是为了解决数据的高效读取和处理在线的实时计算。分布式计算技术是为了解决大规模数据的分布式存储与处理。流处理技术则是为了处理实时到达的、速度和规模不受控制的数据。

1. 内存计算技术

内存计算技术是将数据全部放在内层中进行操作的计算技术，该技术克服了对磁盘读写操作时的大量时间消耗，计算速度得到几个数量级的大幅提升。

内存计算技术伴随着大数据浪潮的来临和内存价格的下降得到快速的发展和广泛的应用，EMC、甲骨文、SAT 都推出了内存计算的解决方案，将以天作为时间计算单位的业务降低为以秒作为时间计算单位，解决了大数据实时分析和知识挖掘的难题。

2. 流处理模型

流处理模型是将源源不断的数据组视为流，当新的数据到来时就立即处理并返回结果。其基本理念是数据的价值会随着时间的流逝而不断减少，因此要尽可能快地对最新的数据做出分析并给出结果，其应用场景主要有网页点击的实时统计、传感器网络、金融中的高频交易等。随着电力事业的发展，电力系统数据量不断增长，对实时性的要求也越来越高，将流处理技术应用于电力系统可以为决策者提供即时依据，满足实时在线分析需求。

3. 分布式并行处理

分布式计算是一种新的计算方式，研究如何将一个需要强大计算能力才能解决的问题分解为许多小的部分，然后再将这些小的部分分给多个计算机处理，最后把结果综合起来得到最终结果。分布式计算的一个典型代表是 Google 公司提出的 MapReduce 编程模型，该模型先将待处理的数据进行分块，交给不同的 Map 任务区处理，并按键值存储到本地硬盘，再用 Reduce 任务按照键值将结果汇总并输出最终结果。分布式技术适用于电力系统信息采集领域的大规模分散数据源。

面向多类任务的分布式高性能计算是一个突出特色，如关联分析等数据依赖性弱的批量计算任务由 MapReduce 框架完成、基于离线数据的挖掘模型训练由构架于 Hadoop 之上的 BSP 计算框架 Hama 完成、线上应用的实时决策计算由基于内存的通用并行计算框架 Spark 完成、针对数据挖掘模型在线更新的增量计算 STROM 完成等。

4.1.3 其他层次

服务支撑层是在数据存储层和分布式计算层的支持下，以时间序列分析、轨迹聚类、情感分类、半监督学习、社区发现、文本聚类、观点挖掘等技术为基础，将理论研究中提出的一系列算法以组件形式封装到本层，为具体的商务应用服务提供支撑。应用服务层是基于服务支撑层提供的基础组件，面向商务应用需求提供具体知识服务，并利用可视化方式简化管理者的决策支持过程。

4.1.4 案例分析

下面可以通过对阿里大数据基础架构的分析来了解实际商业基础架构的特点。目前，阿里集团的数据存储已经逼近 EB 级别，部分单张表每天的数据记录数高达几千亿条。阿里内部，离线数据处理每天面对的是百万级规模的作业，每天有数千位活跃的工程师在进行数据处理工作，加上阿里大数据的井喷式爆发，给数据模型、数据研发、数据质量和运维保障工作增加了更高的难度。

图 4-2 是阿里巴巴数据体系架构图，可以清晰地看到数据体系主要分为数据采集、数据计算、数据服务和数据应用四大层次。

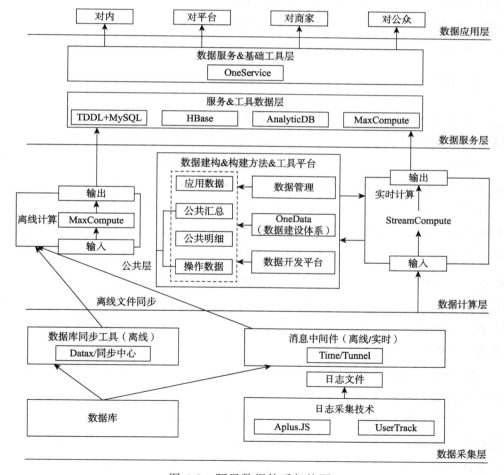

图 4-2 阿里数据体系架构图

1. 数据采集层

数据采集作为阿里数据体系第一环尤为重要。因此，阿里建立了一套标准的数据采集体系方案，致力于全面、高性能、规范地完成海量数据的采集，并将其传输到大数据平台。阿里日志采集体系包括两大体系：Aplus.JS 是 Web 端日志采集技术方案；UserTack 是 APP 端日志采集技术方案。

在采集技术之上，阿里有面向各个场景的规范，来满足通用浏览、点击、特殊交互、APP 事件、Native 日志数据打通等多种业务场景。同时，建立了一套高性能、高可靠性的数据传输体系，完成数据从生产业务端到大数据系统的传输。在传输方面采用了 TimeTunnel（TT），它既包括数据库的增量数据传输，也包括日志数据的传输。TT 作为数据传输服务的基础架构，既能支持实时流式计算、也能实时各种时间窗口的批量计算。此外，也通过数据同步工具（DataX 和同步中心，其中同步中心是基于 DataX 易用性封装）直连异构数据库（备库）来抽取各种时间窗口的数据。

2. 数据计算层

从采集系统中收集了大量的原始数据后，数据只有被整合、计算才能洞察商业规律，挖掘潜在信息，实现大数据价值，达到赋能商业、创造商业的目的。面对海量的数据和复杂的计算，阿里数据计算层包括两大体系：数据存储及计算云平台（离线计算平台 MaxCompute 和实时计算平台 StreamCompute）和数据整合及管理体系（OneData）。MaxCompute 是阿里自主研发的离线大数据平台，其丰富的功能和强大的存储及计算能力使得阿里的大数据有了强大的存储和计算引擎；StreamCompute 是阿里自主研发的流式大数据平台，在内部较好地支持了阿里流式计算需求；OneData 是数据整合及管理的方法体系和工具，阿里的大数据工程师在其体系下，构建统一、规范、可共享的全域数据体系，避免数据的冗余和重复建设，规避数据不一致，充分发挥阿里在大数据海量、多样性方面的独特优势。

借助 OneData 方法体系，构建了阿里的数据公共层，并可以帮助相似大数据项目快速落地实现。

从数据计算频率角度来看，阿里数据仓库可以分为离线数据仓库和实时数据仓库。离线数据仓库主要是传统的数据仓库概念，数据计算频率主要是以天（包含小时、周和月）为单位，如每天凌晨处理上一天的数据等。但是随着业务的发展特别是交易过程的缩短，用户对数据产出的实时性要求逐渐提高，所以阿里的实时数据仓库应运而生。双十一实时数据直播大屏，就是实时数据仓库的一种典型应用。

阿里数据仓库数据加工链路也是遵循业界的分层理念，包括操作数据层（operational data store，ODS）、明细数据层（data warehouse detail，DWD）、汇总数据层（data warehouse summary，DWS）和应用数据层（application data store，ADS）。通过数据仓库不同层次之间的加工过程实现从数据资产向信息资产的转化，并且对整个过程进行有效的元数据管理及数据质量处理。

在阿里大数据系统中，元数据模型整合及应用是一个重要的组成部分。主要包含数据源元数据、数据仓库元数据、数据链路元数据、工具类元数据、数据质量类元数据等。元数据应用主要面向数据发现、数据管理等，如用于存储、计算和成本管理等。

3. 数据服务层

阿里构建了自己的数据服务层，通过接口服务化方式对外提供数据服务。针对不同的需求，数据服务层的数据源架构在多种数据库之上，如 Mysql 和 Hbase 等。后续将逐渐迁移至阿里云数据库 ApsaraDB for RDS（简称 RDS）和表格存储（table store）等。

数据服务可以使应用对底层数据存储透明，将海量数据方便高效地开放给集团内部各应用使用。数据服务每天几十亿的数据调用量，可以保证在性能、稳定性、扩展性等多方面更好地服务用户，满足应用的各种复杂的数据服务需求，保证双十一媒体大屏的数据服务接口的高可用。随着业务的发展，数据服务也在不断前进。

数据服务层对外提供数据服务主要是通过 OneService 平台。OneService 以数据仓库整合计算好的数据作为数据源，对外通过接口的方式提供数据服务，主要提供简单数据查询服务、复杂数据查询服务（类似用户画像等复杂数据查询服务）和实时数据推送服务等三大特色数据服务。

4. 数据应用层

阿里对数据的应用表现在各个方面，如搜索、推荐、广告、金融、信用、保险、文娱、物流等。阿里内部的搜索、推荐、广告、金融等平台，阿里内部的运营和管理人员等，都是数据应用方，各种应用产品百花齐放；ISV、研究机构和社会组织等也可以利用开放的数据能力和技术。

4.2 大数据的存储方案

大数据时代首先要解决的问题就是海量数据的存储。目前对于海量数据的存储问题，主要的研究集中在 NoSQL 数据库和分布式文件系统上。

4.2.1 NoSQL 数据库

在电商系统的实际运行中会产生大量的综合数据，这些数据体量巨大、种类繁多、来源多样，存在结构化和非结构化数据。传统的关系型数据库不仅难以满足高并发读写的需求，对于海量数据高效率存储与访问的需求及对数据库高可扩展性和高可用性的需求同样也难以满足。NoSQL 的出现有效地解决了这一问题。

NoSQL 是一种非关系型数据库，结构不固定，每一个元组可以有不一样的字段，每个元组可以根据需要增加一些自己的键值对，这样就不会局限于固定的结构，可以减少一些时间和空间的开销。NoSQL 存储大数据不需要固定的表结构，通常也不存在连接操作。在大数据存取上具有关系型数据库无法比拟的性能优势。以下介绍三种主流的 NoSQL 数据库：键值（key-value）存储数据库、列式存储数据库和文档存储数据库。

1. 键值存储数据库

键值存储是一种简单的数据存储模型，数据以键值对的形式储存，键具有唯一性。

表 4-1~表 4-3 列出了一个传统的关系型数据库。该数据库中有三张表，一张用于存储个人信息，一张用于存储爱好信息，还有一张是建立信息表和爱好表之间的对应关系的映射表。该关系型数据库严格按照标准化去建模，确保每一条数据只被存储一次。

表 4-1 人物信息表

name	birthday	person ID
Jos The Boss	11-12-1985	1
Fritz von Braun	27-1-1978	2

续表

name	birthday	person ID
Freddy Stark		3
Delphine Thewiseone	16-9-1986	4

表 4-2 爱好信息表

hobby ID	hobby name
1	archery
2	conquering the world
3	building things
4	surfing
5	swordplay
6	lollygagging

表 4-3 人物爱好映射表

person ID	hobby ID
1	2
1	2
2	3
2	4
3	5
3	6
3	1

　　而以键值对的方式存储，其结构就像名字所示，是一个 key-value 的集合。这种方式在 NoSQL 数据类型中是最可扩展的一种类型，并且可以存储大量的数据，如图 4-3 所示。

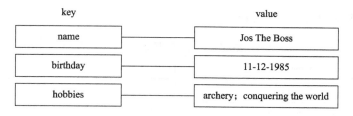

图 4-3 NoSQL 中的键值对存储实例

　　键值对中存储的数据的类型是不受限制的，可以是一个字符串，也可以是一个数字，甚至可以是由一系列的键值对封装成的对象。近年出现的键值存储数据库受到亚马逊公司的 Dynamo 影响特别大。在 Dynamo 中，数据被分割存储在不同的服务器集群中，并复制为多个副本。可扩展性和持久性（durability）依赖于以下两个关键机制。

1）分割和复制

Dynamo 的分割机制基于一致性哈希技术，将负载分散在存储主机上。哈希函数的输出范围被看作是一个固定的循环空间或"环"。系统中的每个节点将随机分配该空间中的一个值，表示它在环中的位置。通过哈希标识数据项的键，可以获得该数据项在环中对应的节点。Dynamo 系统中每条数据项存储在协调节点和 $N-1$ 个后继节点上，其中 N 是实例化的配置参数。

2）对象版本管理

由于每条唯一的数据项存在多个副本，Dynamo 允许以异步的方式更新副本并提供最终一致性。每次更新被认为是数据的一个新的不可改变版本。一个对象的多个版本可以在系统中共存。

2. 列 式 存 储 数 据 库

列式存储数据库以列存储架构进行存储和处理数据，主要适合于批量数据处理和实时查询。

例如，表 4-4 和表 4-5 就是表 4-1 列式存储的例子。传统的关系型数据库可以看作基于行的操作。在基于行的数据库中进行查找的时候，每次都会对每一行进行遍历，假如我们需要在信息表中查找生日是 9 月的人员数据，基于行的数据库会对这张表从上到下从左到右遍历一遍，最后返回用户需要的数据。基于列的数据库会将每一列分开单独存放，对特定列的数据进行索引能有效地提高查找速度但是索引每一列同样会带来额外的负载，并且数据库同样也是会遍历所有的列来取得需要查找的数据。

表 4-4 姓名列作为存储架构的列式存储

name	row ID
Jos The Boss	1
Fritz Schneider	2
Freddy Stark	3
Delphine Thewiseone	4

表 4-5 生日列作为存储架构的列式存储

birthday	row ID
11-12-1985	1
27-1-1978	2
16-9-1986	4

下面介绍两种典型的列式存储系统。

（1）Bigtable。这是 Google 公司设计的一种列式存储系统。Bigtable 基本的数据结构是一个稀疏的、分布式的、持久化存储的多维度排序映射（map），映射由行键、列键和时间戳构成。行按字典序排序并且被划分为片（tablet），片是负载均衡单元。列根据键的前缀成组，称为列族（column family），是访问控制的基本单元。时间戳则是版本区分的依据。Bigtable 的实现包括三个组件：主服务器、tablet 服务器和客户端库。Master 负责将 tablet 分配到 tablet 服务器，检测 tablet 服务器的添加和过期，平衡 tablet 服务器负载，GFS 文件的垃圾回收。另外，它还会处理 schema 的变化，如表和列族的创建。每个 tablet 服务器管理一系列的片，处理对 tablet 的读取以及将大的 tablet 进行分割。客户端库则提供应用与 Bigtable 实例交互。Bigtable 依赖 Google 基础设施的许多技术，如 GFS、集群管理系统、SSTable 文件格式和 Chubby。

（2）Cassandra。Cassandra 由 Facebook 开发并于 2008 年开源，其结合了 Dynamo 的分布式系统技术和 Bigtable 的数据模型。Cassandra 中的表是一个分布式多维结构，包括行、列族、列和超级列。此外，Cassandra 的分割和复制机制也和 Dynamo 类似，用于确保最终一致性。

列式存储数据库大部分是基于 Bigtable 的模式，只是在一致性机制和一些特性上有差异。例如，Cassandra 主要关注弱一致性，而 HBase 和 Hyper Table 则关注强一致性。

3. 文档存储数据库

文档数据库能够支持比键值存储复杂得多的数据结构。Mongo DB、Simple DB 和 Couch DB 是主要的文档数据库，它们的数据模型和 JSON 对象类似。文档存储是假定一个特定文档的结构可以使用一种特定的模式来说明，它的出现较于其他的 NoSQL 数据库类型来说最自然，因为设计这种方式的最初目的就是用来存储日常文档。

假如一本杂志中包含有若干篇文章，如果想在关系型数据库中存储这些文章，首先需要将文章拆分开来，文章的内容存在一张表中，文章的作者及关于作者的信息要存在另一张表中，对于发布在网络上的文章的评论也需要额外的一张表来存储。但在文档存储数据库中，杂志上的一篇文章可以被存储为一个实例，这样在处理那些总是被查看的数据时可以减少查找的时间。以下是文档存储的一个例子。

```
{
  "articles" : [
    {
      "title" :  "title of the article" ,
      "articleID" : 1,
      "body" :  "body of the article" ,
      "author" :  "Isaac Asimov" ,
      "comments" : [
        {
          "username" :  "Fritz" ,
          "join date" :  "1/4/2014" ,
          "commentID" : 1,
          "body" :  "this is a great article" ,
          "replies" : [
            {
              "username" :  "Freddy" ,
              "join date" :  "11/14/2013" ,
              "commentID" : 2,
              "body" :  "seriously? it's rubbish"
            }
          ]
        },
        {
          "username" :  "Stark" ,
          "join date" :  "19/06/2011" ,
          "commentid" : 3,
```

```
          "body"： "I don't agree with the conclusion"
       }
    ]
  }
]
}
```

不同文档存储系统的区别在于数据复制和一致性机制方面。

复制和分片（sharding）：Mongo DB 的复制机制使用主节点的日志文件实现，日志文件保存了所有数据库中执行的高级操作。复制过程中，从节点向主节点请求自它们上一次同步之后所有的写操作，并在它们的本地数据库中执行日志中的操作。Mongo DB 通过自动分片将数据分散到成千上万的节点，自动实现负载平衡和失效恢复，从而支持水平缩放。Simple DB 将所有的数据复制到不同数据中心的不同服务器上以确保安全和提高性能。Couch DB 没有采用分片机制，而是通过复制实现系统的扩展，任一 Couch DB 数据库可以和其他实例同步，因此可以构建任意类型的复制拓扑。

在一致性方面，Mongo DB 和 Simple DB 都没有版本一致性控制和事务管理机制，但是它们都提供最终一致性。Couch DB 的一致性则取决于是使用master-master 配置还是 master-slave 配置。前者能提供最终一致性，而后者只能提供强一致性。

4. 其他 NoSQL 和混合数据库

除了前面提到的数据存储系统，还有许多其他项目支持不同的数据存储系统。

由于关系型数据库和 NoSQL 数据库有着各自的优缺点，结合两者的优势以获取较高的性能是一个较好的选择。基于这种思想，Google 近来开发了如下几种集成了 NoSQL 和 SQL 数据库优点的数据库系统。

Megastore 将 NoSQL 数据库数据存储的可伸缩性和关系型数据库的便利结合在一起，能够获得强一致性和高可用性。其思想是首先将数据分区，每个分区独立复制，在分区内提供完整 ACID 语义，但是在分区间仅保证有限一致性。Megastore 的数据模型介于 RDBMS 的三元组和 NoSQL 的行–列存储之间，其底层的数据存储依赖于 Bigtable。

Spanne 是第一个将数据分布到全球规模的系统，并且在外部支持一致的分布式事务。不同于 Bigtable 中版本控制的键值存储模型，Spanner 演化为时间上的多维数据库。数据存储在半关系表中创建版本，每个版本根据提交的时间自动生成。旧版本数据根据可配置的垃圾回收政策处理，应用可以读取具有旧时间戳的数据。某一粒度数据的复制可以由应用控制。此外，数据在服务器甚至数据中心上可以重新分片以均衡负载或应对失效。Spanner 显著的特点是外部一致读写和在某一时间戳的全度跨数据库一致读取。

F1 是 Google 公司提出的用于广告业务的存储系统，建立在 Spanner 的基础上。F1 实现了丰富的关系型数据库的特点，包括严格遵从的 schema，强力的并行 SQL 查询引擎，通用事务、变更与通知的追踪和索引。其存储被动态分区，数据中心间的一致性复制能够处理数据中心崩溃引起的数据丢失。

4.2.2　分布式文件系统

分布式文件系统（distributed file system）是指文件系统管理的物理存储资源不直接连接在本地节点上，而是通过计算机网络与节点相连。最常见的分布式文件系统 Google 文件系统（Google file system，GFS）是一个可扩展的分布式文件系统，用于大型的、分布式的、对大量数据进行访问的应用。它运行于廉价的普通硬件上，将服务器故障视为正常现象，通过软件的方式自动容错，在保证系统可靠性和可用性的同时，大大减少了系统的成本。GFS 将整个系统分为三类角色：客户端（client）、主服务器（master）、数据块服务器（chunk server）。

Hadoop 是一个分布式系统基础架构，由 Apache 基金会开发。用户可以在不了解分布式底层细节的情况下，开发分布式程序，充分利用集群的威力高速运算和存储。Hadoop 实现了一个分布式文件系统（hadoop distributed file system，HDFS）。HDFS 的原型是 Google GFS，是一个基于分布式集群的大型分布式文件系统，有着高容错性的特点，并且设计用来部署在低廉的硬件上。Hadoop 因此可以将 MapReduce 计算转移到存储有部分数据的各台机器上。

HDFS 以流式数据访问模式来存储超大文件，运行于商用硬件集群上。它的构建思路认为一次写入、多次读取是最高效的访问模式。数据集通常由数据源生成或从数据源复制而来。接着长时间在此数据集上进行各种分析。每次分析都将涉及该数据集的大部分数据甚至全部数据，因此降低读取整个数据集的时间延迟更重要。HDFS 是一个构建在分布节点本地文件系统之上的一个逻辑文件系统，它将数据存储在物理分布的每个节点上，但通过 HDFS 将整个数据形成一个逻辑上整体的文件。HDFS 中有两类节点，按管理者-工作者模式运行，即一个 namenode（管理者）和多个 datanode（工作者）。datanode 是文件系统的工作节点。它们根据需要存储并检索数据块（受客户端或者 namenode 调度），并且定期向 namenode 发送它们所存储的块的列表。没有 namenode，文件系统将无法使用。事实上，如果运行 namenode 服务的机器毁坏，文件系统上的所有文件将会丢失。因此，HDFS 中出错恢复机制必不可少。

　　客户端从 HDFS 集群中读写数据时，通过 namenode 节点获得文件位置信息后，分别与集群中的 datanode 节点通信，通过网络把数据从节点上读取到本地或是通过网络把数据从本地写回到节点上。客户端读写文件的中间网络通信部分、大文件的切分部分、数据冗余存储部分、数据出错恢复部门等都由 HDFS 来管理，客户端只需要根据 HDFS 对外提供的接口进行调用，使用起来非常方便。典型的基于集群技术的 Hadoop 分布式文件系统 HDFS 架构如图 4-4 所示。

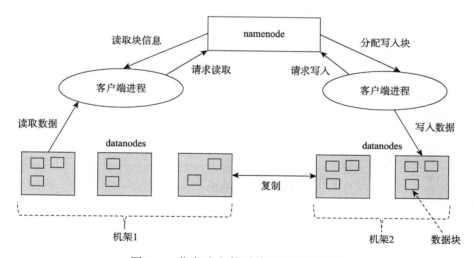

图 4-4　分布式文件系统 HDFS 架构图

　　如图 4-4 所示，客户端进程读文件时，先从 namenode 获取块位置信息，然后直接通过获取到的块位置信息去 datanode 上取数据块，取到所有的数据块后合并成文件返回给客户端进程。客户端进程写数据时，先从 namenode 请求当前可用的数据块存放位置，然后将自己的文件通过网络按块存入 datanode。

　　关于 NoSQL 和分布式文件系统的关系，由于 NoSQL 建立在分布式文件系统之上，分布式文件系统一般主要用于直接存储半结构化数据和非结构化数据，但文件系统中的结构化数据需要 NoSQL 数据库来存取。

4.2.3 案例分析

拥有一亿用户、营业规模达数百亿元的大型网络零售企业京东，在网络零售市场深耕近十年之后，也正式迈入了 PB 级数据管理的新时代。对企业而言，PB 级的数据管理算得上是衡量其数据规模和管理能力的一个重要标尺。目前，进入全球 PB 级数据管理的公司包括 Facebook、淘宝等。

京东的核心数据架构分为四层：缓冲数据层、基础数据层、通用数据层、聚合数据层，其次是临时层和维度层。其示意图如图 4-5 所示。

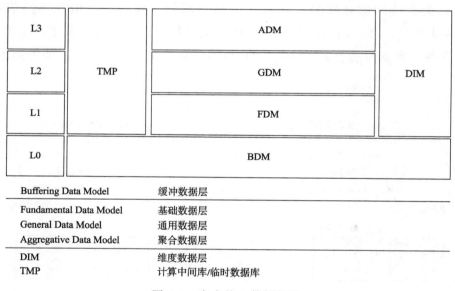

Buffering Data Model	缓冲数据层
Fundamental Data Model	基础数据层
General Data Model	通用数据层
Aggregative Data Model	聚合数据层
DIM	维度数据层
TMP	计算中间库/临时数据库

图 4-5　京东核心数据架构

京东大数据平台从建立之初就是公司的统一数据平台，从模型层次上划分为 4 个层次：①BDM，缓冲数据，源数据的直接映像；②FDM，基础数据层，数据拉链处理、分区处理；③GDM，通用聚合；④ADM，高度聚合。

京东的模型层次和传统的数据仓库模型设计类似，它借鉴了传统仓库的一些模式，不同的是，它很少像传统的仓库模型设计一样进行范式化和打散再整合的处理。一是因为这样做数据过于庞大；二是因为业务系统的设计从先天避免了之前银行信息散落的模式，用户注册统一在一个地方，订单、仓储、配送、售后均是独立设计系统，相对来讲业务模块独立，其基本以订单为线索，串起了信息流。

即使是非促销日，京东的订单数量也能达到数亿，几十亿商品图片及其缩略图的存储给京东带来了极大的挑战。这些文件基本上都是 KB 级别的，但传统的关系型数据库并不擅长处理海量小文件，而且价格昂贵，没法按需扩容，只能定期删除数据。开源存储系统虽然便宜，但难以选型、定制和维护。此前，京东一直是采用 HDFS 作为数据存储子系统，但是专为大文件而设计的 HDFS 显然无法有效处理大量小文件，同时还会对 Hadoop 的扩展性和性能造成不良影响。

针对电商业务中海量小文件、大文件等数据分布式存储与管理的实际需求，京东从 2013 年 7 月便开始着手自主研发分布式文件系统 JFS（Jingdong filesystem）和分布式的缓存与高速键值存储服务 Jimdb。该系统定位明确，主要针对海量非结构化的小文件，要求强可靠、强一致和高可用，并且 key 由系统本身生成。

JFS 的建设主要分为六大块，即海量小文件、对象存储、块存储、新图片系统、元数据表结构存储及 Hadoop 集成。同时，还在分布式存储方面满足了精确故障检测、自动故障切换、两级存储层次、在线纵向扩展和在线横向扩容等需求，具有很强的指导性。除了海量小文件之外，JFS 很多其他层面也做了很多工作。例如，新图片系统，这是从存储到展现重新搭建了京东图片服务，包括了上商城主站与金融产品全部图片。在技术上，也主要是基于 JFS 做底层存储，以及重写在线缩放处理层。

JFS 的集群规模超过千台，存储了 PB 级别的数据；企业级 NoSQL 服务 JIMDB，服务了公司上千个业务；消息队列系统 JMQ，日均消费消息过百亿；私有云服务 JDOS，托管调度了公司的各类业务；基于 SOA 的服务治理平台 JSF；等等。在底层硬件上，针对京东不用的应用场景，JFS 管理了两种不同的设备。针对小文件实时、高并发、随机读较多的特点，选取了高转速的 SAS 盘存储。而针对离线数据为主的大文件，则采取大硬盘 SATA 盘节约成本。JFS 主要由数据存储和元数据存储两部分构成。数据存储模块负责将用户的数据多备份均匀分布到集群中，并负责数据的存活检测、故障修复等。元数据存储模块则负责命名空间管理、文件映射关系管理、读写控制等。

4.3 大数据计算方案

大数据通常分为批量数据流和实时数据流两种。根据各自特点的不同,两种流类型都有各自的解决方案。前者通常采用以 Hadoop 为代表的并行计算模型计算集群计算,后者通常采用流数据模型进行处理。但 Hadoop 框架的核心 MapReduce 计算模型在迭代计算、图计算、内存计算等方面效果不佳,因此以内存计算为基础的集群计算框架 Spark 集群计算平台应运而生。本节主要介绍以上提到的三种计算方案。

4.3.1 基于 Spark 的内存计算

Spark 是专为大规模数据处理而设计的一种基于内存的迭代式分布式并行计算框架,适合于完成多种计算模式的大数据处理任务。由于 Hadoop 计算框架对很多非批处理大数据的局限性,尤其是在迭代计算、图计算和内存计算等方面的固有缺陷,在原有的基于 Hadoop Hbase 的数据存储管理模式和 MapReduce 计算模式外,人们开始关注大数据处理所需要的其他各种计算模式和系统。后 Hadoop 时代新的大数据计算模式和系统出现,其中尤其以内存计算为核心、集诸多计算模式之大成的 Spark 生态系统的出现为典型代表。

Spark 是一个通用的集群计算框架,通过将大量数据集计算任务分配到多台计算机上,提供高效的内存计算。分布式计算框架总体来说需要解决两个问题:如何分发数据和如何分发计算。Hadoop 使用 HDFS 来解决分布式数据问题,MapReduce 计算范式提供有效的分布式计算。类似地,Spark 拥有多种语言的函数式编程 API,提供了除 Map 和 Reduce 之外更多的运算符,这些操作通过一个称作弹性分布式数据集(resilient distributed datasets,RDD)的分布式数据框架进行。

Spark 提出的弹性分布式数据集,是 Spark 最核心的分布式数据抽象,Spark 的很多特性都和 RDD 密不可分。通过对 RDD 的一系列操作完成计算任务,可以大大提高性能。RDD 是一种分布式的内存抽象,允许在大型集群上执行基于内存的计算(in-memory computing),同时还保存了 MapReduce 等数据流模型的容错特性。RDD 只读、可分区，某个数据集的全部或部分可以缓存在内存中，在多次计算间重用。简单来说，RDD 是 MapReduce 模型的一种简单的扩展和延伸。

本质上，RDD 是一种编程抽象，代表可以跨机器进行分割的只读对象集合。RDD 可以从一个继承结构（lineage）重建，因此可以容错，通过并行操作访问，可以读写 HDFS 或 S3 这样的分布式存储，更重要的是，可以缓存到 Worker 节点的内存中进行立即重用。由于 RDD 可以被缓存在内存中，Spark 对迭代应用特别有效，因为这些应用中，数据是在整个算法运算过程中都可以被重用。大多数机器学习和最优化算法都是迭代的，使得 Spark 对数据科学来说是一个非常有效的工具。另外，由于 Spark 非常快，可以通过类似 Python REPL 的命令行提示符交互式访问。

Spark 中的核心组件如下：

（1）Spark Core，它包含 Spark 的基本功能，尤其是定义 RDD 的 API、操作及这两者上的动作。其他 Spark 的库都是构建在 RDD 和 Spark Core 之上。

（2）Spark SQL，提供通过 Apache Hive 的 SQL 变体 Hive 查询语言（HiveQL）与 Spark 进行交互的 API。每个数据库表被当作一个 RDD，Spark SQL 查询被转换为 Spark 操作。对熟悉 Hive 和 HiveQL 的人，Spark 可以快速上手。

（3）Spark Streaming，允许对实时数据流进行处理和控制。很多实时数据库（如 Apache Store）可以处理实时数据。Spark Streaming 允许程序能够像普通 RDD 一样处理实时数据。

（4）MLlib，它是一个常用机器学习算法库，算法被实现为对 RDD 的 Spark 操作。这个库包含可扩展的学习算法，如分类、回归等需要对大量数据集进行迭代的操作。

（5）GraphX，是控制图、并行图操作和计算的一组算法和工具的集合。GraphX 扩展了 RDD API，包含控制图、创建子图、访问路径上所有顶点的操作。

Spark 集群的基本结构主要包括三个部分：Master node、Worker node 和 Executors。Master node 是集群部署时的概念，是整个集群的控制器，负责整个集群的正常运行，管理 Worker node。Worker node 是计算节点，用于接收主节点命令，并定期向 Master node 做状态汇报。同时，每个 Worker 上有一个 Executor，负责完成 Task 程序的执行。Spark 集群部署后，需要在主从节点启动 Master 进程和 Worker 进程，对整个集群进行控制。

Spark 用 Scala 语言实现了 RDD 的 API。Scala 是一种基于 JVM 的静态类型、函数式、面向对象的语言，具有简洁、有效等优点。Spark 支持三种语言的 API：Scala、Python 和 Java。Spark 库本身包含很多应用元素，这些元素可以用到大部分大数据应用中，其中包括对大数据进行类似 SQL 查询的支持，机器学习和图算法，甚至对实时流数据的支持。

4.3.2　流式计算

随着对计算能力的不断追求，现如今的计算模式已经从过去的单机流水线转向分布式流水线。大数据计算主要有批量计算（batch computing）和流式计算（stream computing）两种形态。Hadoop 是典型的大数据批量计算架构，由 HDFS 分布式文件系统负责静态数据的存储，并通过 MapReduce 将计算逻辑分配到各数据节点进行数据计算和价值发现。流式计算是针对连续不断且无法控制数据流速的计算场景设计出的计算模型，常见的场景有搜索引擎、在线广告等。流式计算是一个越来越受到重视的一个计算领域，在很多应用场所，对大数据处理的计算时效性要求很高，要求计算能在非常短的时延（low latency）内完成，这样能够更好地发挥流式计算系统的威力。与批处理计算系统、图计算系统等相比，流式计算系统有其独特性，优秀的流式计算应该具备以下设定。

（1）记录处理低延迟。对于可扩展数据流平台类的流式计算系统来说，对其最重要的期待就是处理速度快，从原始输入数据进入流式系统，再流经各个计算节点后抵达系统输出端，整个计算过程所经历的时间越短越好，主流的流式计算系统对于记录的处理时间应该在毫秒级。

（2）极佳的系统容错性。对目前大多数的大数据处理问题，一般会采用大量普通的服务器甚至台式机来搭建数据存储计算环境，尤其在物理服务器成千上万的情形下，各种类型的故障经常发生，所以应该在系统设计阶段就把其当作一个常态，并在软件和系统级别能够容忍故障的常发性。

（3）极强的系统扩展能力。系统可扩展性一般指当系统计算负载过高或者存储计算资源不足以应对手头的任务时，能够通过增加机器等水平扩展方式便捷地解决这些问题。流式计算系统对于系统扩展性的要求除了常规的系统可扩展性的含义外，还有额外的要求，即在系统满足高可扩展的同时，不能因为系统规模增大而明显降低流式计算系统的处理速度。

（4）灵活强大的应用逻辑表达能力。通常情况下，流式计算任务都会被部署成由多个计算节点和流经这些节点的数据流构成的有向无环图（DAG），所以灵活性的一方面就体现在应用逻辑在描述其具体的 DAG 任务时，以及为了实现负载均衡而需要考虑的并发性等方面的实现便捷性。另一方面，流式计算提供的操作原语具有多样性，传统的连续查询处理类的流式计算系统往往是提供类 SQL 的查询语言，这在很多互联网应用场景下表达能力不足。大多数可扩展数据流平台类的流式计算框架都支持编程语言级的应用表达，即可以用编程语言自由表达应用逻辑，而非仅仅提供少量的操作原语。

Storm 是 Twitter 支持开发的一款分布式的、开源的、实时的、主从式大数据流式计算系统。

4.3.3 基于 hadoop 的批量计算

MapReduce 及其分布式文件系统（HDFS）是 hadoop 框架的核心。MapReduce 可广泛应用于搜索引擎（文档倒排索引，网页链接图分析与页面排序等）、Web 日志分析、文档分析处理、机器学习、机器翻译等各种大规模数据并行计算应用领域中各类大规模数据并行处理算法。

MapReduce 并行处理借鉴了 Lisp 函数式语言中的思想，是把一个任务过程分为两个处理阶段：map 阶段和 reduce 阶段。每个阶段都以键值对作为输入和输出，其类型由程序员来选择。用 Map 和 Reduce 两个函数提供了高层的并行编程抽象模型。对于应用开发者来说，只需要根据业务逻辑实现 Map 和 Reduce 两个接口函数内的具体操作内容，即可完成大规模数据的并行批处理任务。

Map 函数以 key/value 数据对作为输入，将输入数据经过业务逻辑计算产生若干仍旧以 key/value 形式表达的中间数据。MapReduce 计算框架会自动将中间结果中具有相同 key 值的记录聚合在一起，并将数据传送给 Reduce 函数内定义好的处理逻辑作为其输入值。Reduce 函数接收到 Map 阶段传送过来的某个 key 值及其对应的若干 value 值等中间数据，函数逻辑对这个 key 对应的 value 内容进行处理，一般是对其进行累加、过滤、转换等操作，生成 key/value 形式的结果，这就是最终的业务计算结果。

如图 4-6 所示，Map 阶段负责将输入切分成很多个子任务，Reduce 阶段负责收集 Map 阶段的输出作为输入，进行整合归并。同时 Hadoop 框架的中心节点负责监控各个子节点的任务完成情况，即使运行期间子节点出现故障，也不会导致数据的丢失，只需要重启与子节点相关的任务即可，这些都是由框架自动维护，不需要程序员编码实现，因此从根本上解决了使用该框架的人对分布式机器意外情况的处理，降低了编程难度。

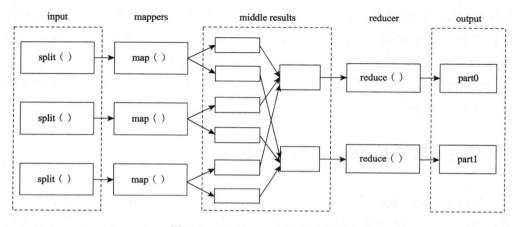

图 4-6　MapReduce 处理过程图

4.3.4　案例分析

以 Storm 流计算方案为例，我们可以了解一下大数据计算方法的相关设计细节。

流计算框架一般采用 DAG（有向无环图）模型。图中的节点分为两类：一类是数据的输入节点，负责与外界交互而向系统提供数据；另一类是数据的计算节点，负责完成某种处理功能，如过滤、累加、合并等。为提高并发性，每一个计算节点对应的数据处理功能被分配到多个任务（相同或不同计算机上的线程）。在设计 DAG 时，需要考虑如何把待处理的数据分发到下游计算节点对应的各个任务，这在实时计算中称为分组（grouping）。

在流计算框架中，目前人气最高，应用最广泛的要数 Storm。这是由于 Storm 具有简单的编程模型且支持 Java、Ruby、Python 等多种开发语言。Storm 也具有良好的性能，在多节点集群上每秒可以处理上百万条消息。Storm 在容错方面也设计得很合理。

　　下面介绍 Storm 确保消息可靠性的思路。

　　在 DAG 模型中，确保消息可靠的难点在于原始数据被当前的计算节点成功处理后，还不能被丢弃，因为它生成的数据仍然可能在后续的计算节点上处理失败，需要由该消息重新生成。而如果要对消息在各个计算节点的处理情况都作跟踪记录的话，则会消耗大量资源。

　　Storm 的解决思路是为每条消息分派一个 ID 作为唯一性标识，并在消息中包含原始输入消息的 ID。同时用一个响应中心（acker）维护每条原始输入消息的状态，状态的初值为该原始输入消息的 ID。每个计算节点成功执行后，则把输入和输出消息的 ID 进行异或，再异或对应的原始输入消息的状态。由于每条消息在生成和处理时分别被异或一次，则成功执行后所有消息均被异或两次，对应的原始输入消息的状态为 0。因此，当状态为 0 后可安全清除原始输入消息的内容，而如果超过指定时间间隔后状态仍不为 0，则认为处理该消息的某个环节出了问题，需要重新执行。

　　Storm 还实现了更高层次的抽象框架 Trident。Trident 以微批处理的方式处理数据流，如每次处理 100 条记录。Trident 提供了过滤、分组、连接、窗口操作、聚合、状态管理等操作，支持跨批次进行聚合处理，并对执行过程进行优化，包括多个操作的合并、数据传输前的本地聚合等。

第5章　多源异构大数据分析

大数据主要来自于三大渠道：企业数据、第三方社交平台数据及线下数据。这些数据存在其自身的一些特征。

（1）数据类型多。从数据类型来看，既包括客户订单、采购订单、仓储记录、BOM 单、成本数据等结构化数据，也包括客户信息、网站访问日志、移动端访问日志等半结构化数据，还包括微博/论坛内容数据、用户体验后评论、用户关系数据、商品位置和描述数据、用户位置和驻留数据、客户服务详细记录等非结构化数据。

（2）数据来源复杂。从数据来源看，所使用的数据既有来自于互联网上不同平台的，也有来自于企业内部信息系统的；既有来自于本企业的，也有来自于竞争对手、供应商、客户等相关企业的；既有线上数据，也有线下传感器和 UGC 等线下数据。特别是对于结构化和半结构化数据而言，如果数据来源不同，其结构通常也不相同，这增加了数据处理的复杂性。

（3）大数据分析具有实时性。大数据分析区别于传统数据分析的一个重要特征就是分析处理的实时性，这要求对随时产生的数据进行实时分析以获取所需信息并实时应用。以电子商务推荐为例，一个新的用户注册后应能立即分析其喜好进行产品推荐；一个新产品上线后应能立即分析并推荐给潜在的客户群。

（4）数据潜在应用价值无法预估。传统电子商务数据分析是根据预设目标进行数据采集，无关数据将会被舍弃。而大数据分析收集的是企业的各种数据，所采集存储的数据，其未来可能应用绝不会仅限于最初所设定目标，而且这种潜在的应用会是什么、有多大的价值也是无法预估的。

综上所述，大数据结构多样、来源复杂、实时性要求高，以及无法预估潜在应用价值等特点为多源异构大数据分析带来了巨大挑战。

5.1　大数据建模

　　传统多源异构数据多为结构化数据，其数据属性固定且语义清晰。同时早期基于传统多源异构数据的决策支持需求较为简单，通过数据查询和统计报表即可满足，因此，在分布式数据库领域的研究致力于如何将多源数据统一集成。主要的技术手段包含以下三类。

　　（1）基于中间件的方法，中间件负责将数据需求分解到各个数据源，集成局部响应结果作为全局响应，该类方法的应用最为广泛。

　　（2）基于数据仓库的方法，通过对异构数据的清晰和转换，形成面向主题的、集成的、相对稳定的、反映历史变化的数据集合。

　　（3）基于本体的方法，通过构建跨数据源的语义知识来增强数据源间交互的理解。

　　然而大数据多为非结构化异质数据，这类数据具有不确定性、歧义性、模糊性及不完整性等特征。目前多利用语义技术对数据建模，进而生成结构化的语义描述，从而实现异构数据的互操作（interoperability）。

5.1.1　语义网技术

　　数据互操作指多源数据能够实现类似单一系统数据的无缝链接。语义网思想及围绕语义网目标实现所开发的一系列技术，称为语义网技术，简称语义技术（semantic technology）。语义技术为异构数据提供数据互操作的技术基础，也为大数据的有效分析提供一种技术途径。

　　近十多年，国际万维网组织制定和出台了一系列语义技术标准，得到了广泛的应用。其中主要的语义技术标准包括以下四类。

　　（1）网络资源描述框架（resource description framework，RDF）和网络资源描述框架模式（resource description framework scheme，RDFS）。主要用于描述网络信息资源，前者用于描述具体的网络信息资源及其对应概念，后者用于描述网络信息资源概念间的关联性。RDF/RDFS 可以采用不同的数据格式表达，可被写成类似 XML 格式的文件。经常使用的 RDF/RDFS 表达格式是

Ntriple 三元组格式。

（2）网络本体语言（Web ontology language，OWL）。RDF/RDFS 能描述网络信息资源及其相关概念的基本特征，但逻辑表达能力不强。OWL 对 RDF/RDFS 的逻辑表达能力进行扩展，使之能够表达更复杂的逻辑关系，提高逻辑推理能力。

（3）RDF 查询语言 SPARQL。SPARQL 是一种针对 RDF/RDFS 语义数据的查询语言，也可用于 OWL 数据查询。若语义数据处理平台已嵌入对应的推理机，SPARQL 还可用于对语义数据的推理结果查询。一个规范的语义数据处理平台通常会提供规范的 SPARQL 查询接口，被称为 SPARQL 服务端。

（4）规则交换格式（rule interchange format，RIF）。RIF 语言标准提供一种面向网络信息资源的高级规则知识表达能力，可弥补 OWL 对领域概念逻辑相关性描述的不足。语义技术标准建立在对网络信息资源进行数据连接的统一概念格式上，其主要概念表达方法是三元组（triple）法，即将信息资源以类似主语、谓语和宾语结构来表达。为增强语义标识的唯一性，通过网络资源进行唯一性语义标定是语义技术的核心思想之一。所以，语义技术标准的基本作用是对网络资源进行描述，用于提供语义唯一标识，同时让数据内容独立于表达形式。

语义网（语义技术）的主要思想包括：①任何信息系统都需要数据；②数据表示要独立于具体的应用和平台，以保证最大限度的可重用性；③采用统一的数据概念表示，以保证数据表示独立于具体系统（可采用 Triple/Tuple 形式）；④数据应能描述网络资源（要采用 RDF/RDFS 或其他类似的语言）；⑤数据应提供初步推理支持（要采用 OWL 或其他知识表示语言），RDF/RDFS/OWL 均采用 Triple 语义模型。

5.1.2　基于语义网技术的大数据应用

当前基于语义网技术的大数据应用丰富多彩，本节通过介绍无线传感器网络应用案例来说明语义网技术如何解决多源异构的大数据互操作问题。

无线传感器网络是一组专门的传感器组成的通信基础设施，主要用于监测各种物理现象，如温度、声音、光强度、位置、运动物体等，是多源异构大数据的一个重要数据来源。然而每一个无线传感器网络都服务于特定的目标，并且使用自己的数据格式。这种异构性使得不同的传感器网络无法互相通信，也无法重用和共享数据。

针对这种异构性，V. Huang 构建了一个基于语义网技术的传感器网络，称之为 SWANS（semantic web architecture for sensor networks），其体系结构如图 5-1 所示。

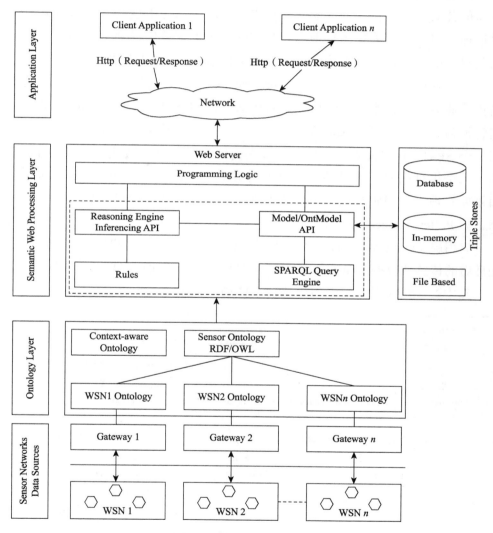

图 5-1　SWANS 体系结构

传感器网络数据源（sensor network data sources）是 SWANS 体系结构的第一层，由一组异构的无线传感器网络（wireless sensor network，WSN）组成，

每一个传感器网络和一个传感器网关（Gateway）相连。传感器网关负责对传感器网络的访问和数据采集。

本体层（ontology layer）是 SWANS 体系结构的第二层，由一组本地传感器本体和一个全局传感器本体组成。每一个本地传感器本体对应一个传感器网络，描述了该传感器网络的语义信息。全局传感器本体定义了所有本地传感器本体的公共术语集，每个本地传感器本体中的概念都由这个公共术语集中的术语描述。当传感器采集的数据通过相应的传感器网关传输到本体层后，根据该网关对应的本地传感器本体中定义的语义信息转换为 RDF 数据。

语义网处理层（semantic web processing layer）是基于 Jena API 实现的。当传感器数据通过本体层转换为包含语义信息的 RDF 数据后，Jena 将这些数据转换为 RDF 图，并可临时存储在主存、持久数据库或文件系统中。Jena 提供了一个 SPARQL 查询引擎，可以直接查询传感器的 RDF 数据。同时 Jena 还提供了一个推理引擎，可以基于一般规则实现在传感器的 RDF 数据中的推理。如果要实现复杂规则推理，Jena 可以通过标准的 DIG 接口添加第三方推理引擎，如 Pellet、Racer、FaCT 等。

应用层（application layer）由需要传感器数据的不同客户端应用程序组成。处理后的传感器数据由 Web 服务器通过 HTTP 协议传输给客户端应用程序。

其中 SWANS 本体层中的传感器本体局部如图 5-2 所示。

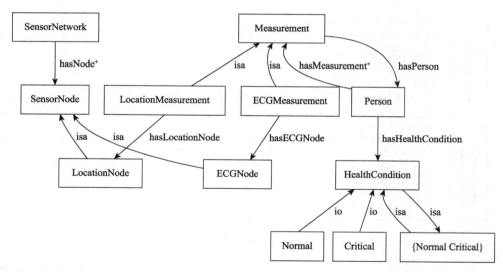

图 5-2　传感器本体局部

SWANS 处理的传感器网络主要分为两大类：位置传感器网络和生理性传

感器网络。位置传感器网络提供个人或者物体的位置信息，该信息由经度和纬度值表示。生理性传感器网络测量个人的生理健康（ECG）信息。因此，图 5-2 中 SensorNetwork 表示传感器网络，ECGNode 和 LocationNode 是 SensorNode 的子类。Measurement 表示传感器的测量值，其子类为 LocationMeasurement 和 ECGMeasurement，分别对应位置传感器和生理性传感器的测量值。

　　由于初始的传感器数据已经转换为 RDF/OWL 格式，故对于传感器数据的查询，SWANS 采用 SPARQL 语言作为查询语言。图 5-3 上面部分为查询名为 John 的人的健康测量值的 SPARQL 代码片段，下面为返回的查询结果，其格式为 XML 文档。

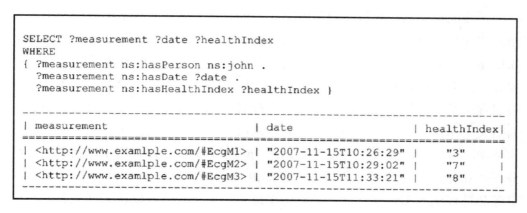

```
SELECT ?measurement ?date ?healthIndex
WHERE
{ ?measurement ns:hasPerson ns:john .
  ?measurement ns:hasDate ?date .
  ?measurement ns:hasHealthIndex ?healthIndex }

-----------------------------------------------------------------
| measurement                     | date                  | healthIndex|
=================================================================
| <http://www.examlple.com/#EcgM1> | "2007-11-15T10:26:29" |    "3"    |
| <http://www.examlple.com/#EcgM2> | "2007-11-15T10:29:02" |    "7"    |
| <http://www.examlple.com/#EcgM3> | "2007-11-15T11:33:21" |    "8"    |
-----------------------------------------------------------------
```

图 5-3　SPARQL 查询实例

　　综上所述，SWANS 通过使用语义网技术对异构的传感器网络数据中的语义信息建模，构建异构数据的统一描述模型，以解决异构数据互操作问题。

5.1.3　案例分析

1. 开放药物数据互联项目

　　开放药物数据互联项目是一个用于药物发现的关联数据工程。到目前为止，此项工程已经集成了庞大的数据集，其中包含药物数据（来自 DrugBank、DailyMed 和 SIDER）、传统中医药（来自 TCMGeneDIT）、诊断案例（来自 ClinicalTrials.gov）、疾病（来自 Diseasome）和制药公司等。这些数据集首先被转换成 RDF 格式，然后再发布到 RDF 发布点（如 D2R 服务器）。

　　开放药物数据互联项目中应用的基本方法是重用已经广为人知的标识符，

如 Bio2RDF 项目中所用到的标识符。对于那些不使用通用标识符的情况，链接发现和语义匹配的工具可以用来发现物体之间潜在的关联，如 LinQuer 工具。开放药物数据互联项目实质上是一个巨大的知识云，制药公司可以利用它来发掘新的知识，尤其是在组织领域范围。例如，开放药物数据互联项目整合了中医药系统和西医系统，研究者可以针对特殊疾病研究关于某种草药（来自中医药）的目标基因的知识。这种跨文化的知识整合将会为药物领域发现新的有价值的信息提供很大的帮助。

2. 语义万维网服务和基于语义的医学科学合作

网络改变了远距离科学协作的方式，语义万维网服务基于不同的系统和分布式组织的灵活协作，提供更多的自动化交互操作。例如，SIMDAT Pharma Grid 是一个基于语义的网格环境，它整合了数以千计的生物学数据服务和分析服务。这个架构体系搭建了一个用于服务标注的基于 OWL 的生物学本体，同时包含了基于本体的服务匹配工具来支持自动化的知识发现。另外，该系统中的语义工作流是由一系列被整合的服务组成，用于为生物学家在实验中提供协作帮助。另外一个典型例子是 myGrid。myGrid 提供了一个用于识别和组成高分布性和异质性的公用生物信息服务的语义发现框架。myGrid 本体用来标注服务和进行元数据管理，此外，它还支持基于语义的设计以及实现服务工作流来促进协作。由于项目本身是基于本体，所以服务工作流可以在运行时改变，并且方式更灵活。

3. 基于语义的医学网络挖掘与分析

语义万维网为网络上的数据提供了一个通用的图模型和整合框架，这将会给一体化网络分析和数据挖掘带来很大好处。RDF/OWL 使我们可以把复杂的生物医学网络作为一个以语义为中心的网络。我们得到的图不仅仅是一个简单的拓扑网络，因为它的节点和边都被标注为由形式化本体定义的类和属性。这样的构造使得一体化的图挖掘和本体推理成为可能，这样能够更好地分析生物医学网络。关于如何在生物医学网络分析领域应用语义万维网技术已经开展了多种多样的研究。例如，从生物医学专利数据库里检索语义相关的专利名和发现疾病引起的基因问题，辅助识别最能匹配一组诊断特征的候选疾病等。在这些方法中，RDF 通常用来搭建一个整合不同数据源的语义图，然后基于语义图来进行挖掘和分析。例如，某些研究者使用 RDF 来建立基因本体、基因通路标记、基因组信息学等数据库之间的语义关联关系。整合得到的语义图输入一个算法，这个算法定义了两个语义度量来评估每种资源的重要性，以及评估类似于克莱伯格（Kleinberg）提出的中心值和权值的主体分数和客体分数。RDF 三元组的主体和客体在语义图里作为节点，相应地具有比较高的主体或者客体分数。该方法在计算排名分数时还进一步对连接类型进行区分。在常规的图算法里，所有的链接在计算中心值和权值分数时都具有相等的重要性。而在语义图里，每条链接标记上了不同的语义，因此具有不同的重要程度。

4. 电子病历的语义搜索

目前，结构化的电子病历在临床信息系统中大量使用以提高医疗质量，降低医疗费用。借助电子病历，医生可以更方便地了解患者的病情和既往的诊疗活动，从而更好地为患者制订治疗方案。临床研究人员也可以更方便地获取高质量的临床数据从事科学研究，加速临床医学水平的发展。然而，电子病历的数量非常庞大。在中国，一家三甲医院一年就可以产生上千万份电子病历，如何从这些电子病历中找到需要的信息就成了一个很困难的问题，对电子病历的搜索需求亟待解决。HL7 CDA（clinical document architecture）是当前国际通用的电子病历表示语言。它可以很灵活地将检查、检验、诊断、手术和用药等临床信息表示成结构化的 XML 格式。同时，为了达到语义互操作性的要求，各种医学本体/术语，如 ICD-10、LOI NC 和 SNOMED CT 等，在 CDA Level 3 文档中大量用来精确地描述临床信息。所以，基于 CDA 的电子病历并不是对现有纸质病历的简单电子化，而是通过结构化信息表示和医学本体/术语的应用，将临床数据变成计算机容易处理的信息，并为后续的电子病历结构化查询和语义推理提供基础。针对电子病历的检索，仅仅利用现有文本检索技术还不够，因为文本检索只能处理 CDA 中的文字部分，对 CDA 中最关键的结构化信息和语义信息却无能为力。iSMART（intelligent semantic medical record retrival）是一个能充分利用电子病历中结构化和语义信息的语义搜索引擎，它的系统结构如图 5-4 所示。

X2R（XML2RDF）负责从 CDA 文档中抽取 RDF 数据，这种抽取基于一种声明式的映射语言，很容易修改和维护。抽取出的 RDF 数据会存入数据库中，并由 iCHARM 进行语义推理，最终推理后的 RDF 数据会由 Semplore（一

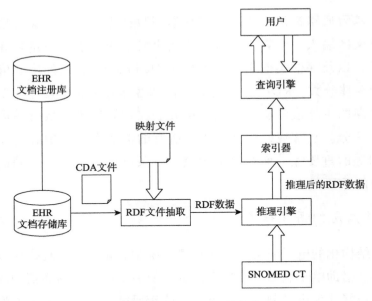

图 5-4　iSMART 系统结构

个 RDF 搜索引擎）进行索引，并支持基于文本信息、结构信息和语义信息的
复合查询。

5. 基于临床指南的医疗决策支持

无论对发达国家还是对发展中国家，高昂的医疗费用都是困扰政府的一个
难题。为了提高医疗质量，同时尽可能地控制医疗费用，各国都把医疗改革的
突破口放在了基本医疗的改善上。可是，现在的基本医疗水平还比较低，尤其
在中国，基层医生的诊疗水平与大型医院的医生相比还有明显的差距。为了保
证患者在不同级别的医疗机构都能得到最好的治疗，各国都在大力提倡临床指
南/路径—— 一种基于循证医学理论的临床模式。在临床指南/路径中，基于现
有医学证据的最好治疗方案，包括诊断、检查和用药等都会被标准化。现有
的临床指南/路径基本是纸质的文档或者书籍，仅供医生参考，并没有一个信
息系统来支持临床指南/路径的建模、执行、监控、分析和改善。iGLADIUS
实现了基于临床指南的健康计划管理，可以提供医疗决策支持、健康计划的
执行效果和质量分析、远程患者体征采集和移动主动关怀。它的系统结构如
图 5-5 所示。

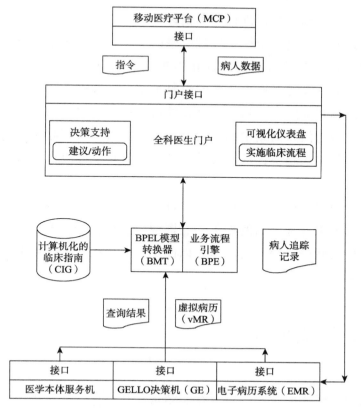

图 5-5　iGLADIUS 系统结构

6. 电子商务领域的应用

电子商务是语义 Web 技术的一个重要应用领域。在语义 Web 技术中，可以利用本体建立一个词汇表，实现信息的机器可理解，同时本体建立的数据框架也可以让计算机实现自动推理服务。具体过程描述如下。

通过增加规范的本体词汇，将各相关产品的通用术语和概念用 Web 本体语言（OWL）加以定义，并给出各术语（概念）之间的关系，以扩展该产品的本体，对所有产品和交易者使用 URI 进行唯一标识。

各产品的数据由制造商使用统一的格式（通过 RDF 和 XML）发布到网上，而不是由销售商按自己的意愿在销售商自己的网站上发布。销售商只需将自己的销售价格及服务水平与制造商的产品技术数据捆绑在一起，从而节省销售商自己维护网站的成本。作为购物门户网站，则只需要向制造商收集相关产品的统一格式（RDF）的技术数据，再将各销售商的服务信息收集起来，并在本体层次中对收集到的数据进行归类整理。

在此基础上，通过一个智能推理引擎向购物者提供服务，可以节省客户的搜索时间并能适应当前客户的个性化需求。当用户提出一些相关的购买要求时，系统就可由具有智能推理功能的引擎利用本体库中的规范概念将满足用户需求的产品及其相关的信息检索出来，并通过浏览器将结果反馈给客户。而制造商还可以将购物门户网站中的用户需求信息通过语义网技术进行收集，从中了解当前客户的需求趋势，从而改进自己的产品功能或设计出新的更适合用户需求的产品。

利用语义网技术可以帮助使用电子商务的各方（制造商、销售商、客户）高效、准确地组织各种商品的相关信息资源，便于在制造商、销售商、购物门户网站及客户之间进行交流与协作，以便更好地开展相关的商务活动，满足人类的更高级需求。

5.2　复杂语义抽取

通过大数据建模的技术，可以在非结构化数据存储的基础上，构建一个结构化的语义描述模型。在结构化语义描述之上，非结构化数据的语义抽取往往被建模为统计或机器学习的问题。目前较常用的复杂语义抽取方法有潜在语义分析、概率潜在语义分析和隐含狄利克雷分布。

5.2.1　潜在语义分析

潜在语义分析（latent semantic analysis，LSA）或者潜在语义索引（latent semantic index）是 1988 年 S. T. Dumais 等提出的一种新的信息检索代数模型，是用于知识获取和展示的计算理论和方法。它使用统计计算的方法对大量的文本集进行分析，从而提取出词与词之间潜在的语义结构，并用这种潜在的语义结构来表示词和文本，达到消除词之间的相关性和简化文本向量实现降维的目的。

潜在语义分析的基本观点是把高维的向量空间模型（vector space model，VSM）表示中的文档映射到低维的潜在语义空间中。这个映射通过对项/文档矩阵的奇异值分解（singular value decomposition，SVD）来实现。

潜在语义分析使用词-文档矩阵来描述一个词语是否在一篇文档中。词-文档矩阵是一个稀疏矩阵，其行代表词语，其列代表文档。一般情况下，词-文档矩阵的元素是该词在文档中的出现次数，也可以是该词语的 TF_IDF（term frequency-inverse document frequency）。

在构建好词-文档矩阵之后，潜在语义分析将对该矩阵进行降维，来找到词-文档矩阵的一个低阶近似。降维的原因有以下几点。

（1）原始的词-文档矩阵太大导致计算机无法处理，从此角度来看，降维后的新矩阵是原有矩阵的一个近似。

（2）原始的词-文档矩阵中有噪声，从此角度来看，降维后的新矩阵是原矩阵的一个去噪矩阵。

（3）原始的词-文档矩阵过于稀疏。原始的词-文档矩阵精确地反映了每个词是否出现于某篇文档的情况，然而我们往往对某篇文档相关的所有词更感兴趣，因此我们需要发掘一个词的各种同义词的情况。

降维可以解决一部分同义词的问题，也能解决一部分二义性问题。具体来说，原始词-文档矩阵经过降维处理后，原有词向量对应的二义部分会加到和其语义相似的词上，而剩余部分则减少对应的二义分量。

总的来说，潜在语义分析的优点有：①低维空间表示可以刻画同义词，同义词会对应着相同或相似的主题；②降维可去除部分噪声，语义特征更鲁棒；③充分利用冗余数据；④无监督/完全自动化；⑤与语言无关。

但是潜在语义分析也有一定的局限性。

（1）新生成的矩阵的解释性比较差，造成这种难以解释的结果是因为 SVD 只是一种数学变换，并无法对应成现实中的概念。

（2）潜在语义分析无法有效处理一词多义的问题。在原始词-向量矩阵中，每个文档的每个词只能有一个含义。例如，同一篇文章中的"the chair of board"和"the chair maker"的 chair 会被认为一样。在语义空间中，含有一词多义现象的词其向量会呈现多个语义的平均。相应地，如果有其中一个含义出现得特别频繁，则语义向量会向其倾斜。

（3）潜在语义分析具有词袋模型的缺点，即在一篇文章或者一个句子中忽略词语的先后顺序。

（4）潜在语义分析的概率模型假设文档和词的分布服从联合正态分布，但从观测数据来看服从泊松分布。因此潜在语义分析算法的一个改进——概率潜在语义分析（probabilistic latent semantic analysis，PLSA）使用了多项分布，其效果要好于潜在语义分析。

5.2.2　概率潜在语义分析

自然语言和文本处理是人工智能和机器学习方面的一个重大的挑战。在这个领域中的任何巨大进步都会对信息检索、信息过滤、智能接口、语言识别、自然语言处理和机器学习产生重大的影响。机器学习的主要难点在于"被阐述"的词法和"真正要表达"的语义的区别。产生这个问题的原因主要是：①一个单词可能有多个意思和多个用法；②同义词和近义词，而且根据不同的语境或其他因素，不同的单词也有可能表示相同的意思。

针对这类问题，尽管基于 SVD 的潜在语义分析取得了一定的成功，但是其缺乏严谨的数理统计基础，而且 SVD 分解非常耗时。Hofmann 在 SIGIR'99 上提出了基于概率统计的概率潜在语义分析模型，并且用 EM 算法学习模型参数。概率潜在语义分析模型的概率图模型如图 5-6 所示。

图 5-6　概率潜在语义分析模型的概率图模型

其中，D 为文档；Z 为隐含类别或者主题；W 为观察到的单词；$p(d_i)$ 为单词出现在文档 d_i 的概率；$p(z_k|d_i)$ 为文档 d_i 中出现主题 z_k 下的单词的概率；$p(w_j|z_k)$ 为给定主题 z_k 出现单词 w_j 的概率。并且每个主题在所有词项上服从多项式分布，每个文档在所有主题上服从 Multinomial 分布。整个文档的生成过程为：①以 $p(d_i)$ 的概率选中文档 d_i；②以 $p(z_k|d_i)$ 的概率选中主题 z_k；③以 $p(w_j|z_k)$ 的概率产生一个单词。

可以观察到的数据就是 (d_i,w_j)，而 z_k 是隐含变量。(d_i,w_j) 的联合分布为

$$p(d_i,w_j) = p(d_i)\, p(w_j|z_k),\ p(w_j|d_i) = \sum_{k=1}^{K} p(w_j|z_k)\, p(z_k|d_i) \qquad (5\text{-}1)$$

而 $p(z_k|d_i)$ 和 $p(w_j|z_k)$ 分别对应了两组多项式分布，这两组分布的参数可以通过 EM 算法估计。

概率潜在语义分析模型的优势：①定义了概率模型，而且每个变量以及相

应的概率分布和条件概率分布都有明确的物理解释；②相比于潜在语义分析隐含了高斯分布假设，概率潜在语义分析模型隐含的多项式分布假设更符合文本特性；③概率潜在语义分析模型的优化目标是 KL-divergence 最小，而不是依赖于最小均方误差等准则；④可以利用各种模型选择和复杂性控制准则来确定主题的维数。

概率潜在语义分析模型的不足：①概率模型不够完备。在文档层面上没有提供合适的概率模型，使得概率潜在语义分析模型并不是完备的生成式模型，而必须在确定文档的情况下才能对模型进行随机抽样。②随着文档和词语个数的增加，概率潜在语义分析模型也线性增加，变得越来越庞大。③当一个新的文档来到时，没有一个好的方式得到 $p(d_i)$。④EM 算法需要反复地迭代，需要很大计算量。

针对概率潜在语义分析模型的不足，研究者们又提出了各种各样的主题模型，其中包括著名的隐含狄利克雷分布等。

5.2.3　隐含狄利克雷分布

隐含狄利克雷分布（latent Dirichlet allocation，LDA）是一种主题模型，它可以将文档集当中每篇文档的主题按照概率分布的形式给出。同时它是一种无监督学习算法，在训练时不需要手工标注的训练集，需要的仅仅是文档集和指定主题的数量 k。此外，LDA 的另一个优点则是对每一个主题均可找出一些词语来描述它。

LDA 首先由 Blei 等于 2003 年提出，目前在文本挖掘领域包括文本主题识别、文本分类及文本相似度计算方面都有应用。

LDA 是一种典型的词袋模型，即它认为一篇文档是由一组词构成的一个集合，词与词之间没有顺序和先后的关系。一篇文档可以包含多个主题，文档中每一个词都由其中的一个主题生成。

另外，正如 Beta 分布是二项式分布的共轭先验概率分布，狄利克雷分布则是多项式分布的共轭先验概率分布。因此，正如 LDA 贝叶斯网络结构中所描述的，在 LDA 模型中一篇文档生成的方式如下。

（1）从狄利克雷分布 α 中取样生成文档 i 的主题分布 θ_i。

（2）从主题的多项式分布 θ_i 中取样生成文档 i 第 j 个词的主题 $z_{i,j}$。

（3）从狄利克雷分布 β 中取样生成主题 $z_{i,j}$ 的词语分布 $\varphi_{z_{i,j}}$。

（4）从词语的多项式分布 $\varphi_{z_{i,j}}$ 中采样最终生成词语 $\omega_{i,j}$。

因此，整个模型中所有可见变量及隐藏变量的联合分布是

$$p = \left(\omega_i, z_i, \theta_i, \Phi | \alpha, \beta\right) = \prod_{j=1}^{N} p\left(\theta_i | \alpha\right) p\left(z_{i,j} | \theta_i\right) p\left(\Phi | \beta\right) p\left(\omega_{i,j} | \theta_{z_{i,j}}\right) \quad (5\text{-}2)$$

最终一篇文档的单词分布的最大似然估计可以通过将上式的 θ_i 以及 Φ 进行积分和对 z_i 进行求和得到

$$p\left(\omega_i | \alpha, \beta\right) = \int_{\theta_i} \int_{\Phi} \sum_{z_i} p\left(\omega_i, z_i, \theta_i, \Phi | \alpha, \beta\right) \quad (5\text{-}3)$$

根据 $p\left(\omega_i | \alpha, \beta\right)$ 的最大似然估计，最终可以通过吉布斯采样等方法估计出模型中的参数。

5.2.4　基于 LDA 的复杂语义抽取

本节通过介绍网络评论主题发现的应用案例来说明如何使用 LDA 模型从多源异构的大数据中进行复杂语义的抽取。

随着互联网的普及和网络购物所带来的便捷性，网络购物呈现出了前所未有的爆发式增长趋势。由此，在购物网站上产生了大量的商品评论文本数据，且日益呈现大数据化趋势。要从海量的非结构化在线评论文本数据中获得有用的信息，通过人工方式进行处理的难度越来越大，如果可以通过相应的技术对这些评论文档进行自动化处理和分析，提取有用的信息，就能给商家带来很大便利。

针对这个问题，研究者提出基于 LDA 模型结合 HowNet 知识库进行语义分析的方法，对网络评论进行主题发现的研究。该研究首先通过对评论文本的词性标注和语义分析形成语料库，然后利用 HowNet 对语料库中的词项进行语义相似度的计算，完成语义去重、合并，最后通过 LDA 主题模型将用户评论的内容映射到主题上，实现对用户评论信息主题的发现。

1. 评论文本的预处理

网络用户评论的信息大多属于短文本，内容短、信息量少且规范性较低。如果采用传统的文本词项处理方法，当去掉停用词和其他噪声数据后所剩下的信息量就更少。为了分析评论文本潜在的有价值的信息，可对评论中每个句子

进行句法和语法分析。具体做法是：①对评论信息进行分词处理，并进行词性标注；②对词与词之间的修饰关系进行描述；③对有意义的评论信息进行抽取，形成语料库。

通过词性的标注，可以发现评论文本中隐含的语义信息，如（环境/n 很/d 好/a）、（自助餐/n 品种/n 不/d 多/a）、（甜品/n 不错/a）等描述反映了评论的主题。

基于此，可将网络评论信息抽象成三元组，形式为：（＜名词＞、＜［副词］＞、＜形容词|动词＞）。在评论信息预处理过程中，将符合三元组的信息进行提取，作为语义信息的标签进行保存。

预处理后，网络评论信息将形成如下的具有语义特征的文档集合：

$$D = \{d_1, d_2, \cdots, d_m\}; \quad d_i = \{w_1, w_2, \cdots, w_m\} \tag{5-4}$$

其中，m 为评论的数量；d_i 为第 i 条评论；该评论由 n 个评论词组成。

2. 推理策略

经过语义处理，文档集合 D 中的每一个短句被看作一篇文档。在这种情况下，采用传统的文本向量空间模型对相关信息进行表示，会使文本特征矩阵极其稀疏，为了将文档 d 赋予某个主题 z_i，本节采用一种类似聚类的贪婪算法实现：

$$\text{topic}(d_m) = \arg\max_{z_i \in Z} P(z_i | d_m) \tag{5-5}$$

LDA 主题模型将每一段文本都映射到主题分布空间中，为了将每一篇文档赋予一定的主题，式（5-5）可计算出概率最大的 z_i 作为 d_m 文档的主题。这个算法需要一个打分函数，以处理概率排序问题：

$$\text{score}(d_m, z_i) = P(z_i | d_m) + \frac{|z_i|}{|D|} \tag{5-6}$$

这里依据 $\dfrac{|z_i|}{|D|}$ 作为支持度逐步取得最优的方案，当主题映射到文档后，根据排序的值确定映射关系。

3. 算法描述

由于用户在评论中采用不同的语义生成词项，有些词项会存在很大的相似性。例如，在评价某事物时用户会采用"一般"或"还可以"这样的词汇进行表述。因此，在具体实现过程中，语义的去重、合并是挖掘算法首先要解决的问题。基于此，可分成两个环节实现，即先对预处理得到的数据集中所包含的特征词项进行语义分析，通过词项相似度的计算，删除或合并语义相似的词项，然后对经过去重的语料库依据 LDA 进行主题映射。

算法的具体步骤如下。

（1）从数据集提取名词、动词、形容词作为特征词，并表示成向量形式。

（2）利用 HowNet 计算每个特征词语义之间的相似度，若相似度为 1，则根据特征词项在该语义内出现的概率删除重复的特征词，保留语义概率较高的词项。

（3）删除 HowNet 未收录的特征词项。

（4）合并语义相似词项。根据 HowNet 计算词项的语义相似度，当相似度大于阈值，则根据特征词项在该语义内出现的概率进行合并，通过语义合并保留概率更高的词项。

（5）对于每个语义将其特征词表示成向量形式，其语义向量为 $D=\{d_1,d_2,\cdots,d_n\}$，第 i 个语义的类别特征词向量可以表示为 $d_i=\{w_{i1},w_{i2},\cdots,w_{in}\}$。

（6）依据式（5-5）对主题分布进行计算。

（7）主题排序。经过计算，有了所有文档的主题分布 θ，这样就将所有的标签映射到不同的主题 Z 上，用式（5-6）进行打分，从主题 Z 中选择有代表性的标签作为代表输出。

算法以词项语义作为衡量标准，以词项作为基本单元。通过 HowNet 查询特征词项的义原，以此分析特征词项的语义相似性，进而实现评论文本的语义去重和合并，为主题发现提供基础。随后，利用 LDA 对数据集进行主题发现，得到相关结果。

5.2.5 案例分析

1）跨语言检索

东北大学的姚天顺教授及林鸿飞、李业丽利用潜在语义分析的技术构造了双语交叉过滤的逻辑模型。其基本思想是首先收集相应的双语语料构成双语语料训练集，进而进行潜在语义索引。利用索引结果，将模板和文本表示为语义空间的向量。按照匹配算法过滤出符合用户信息需求的文本。再将用户确认相关的文本加入训练集，作为反馈信息，在一定条件下重新索引，进而修改用户模板，改善过滤精度。试验结果表明，基于潜在语义索引的过滤比基于对译词的过滤准确率提高了 9%以上。

　　2）信息过滤

　　山西大学计算机科学系的牛伟霞和张永奎对潜在语义索引方法在信息过滤应用方面做了试验。通过构造潜在语义试验系统并借助 MathCAD Professional 对 2 000 对在万方数据资源系统中收集到的试验数据进行分析。利用潜在语义分析方法构建兴趣模型，对网上的中文科技文献信息进行过滤，压缩数据，剔除噪声，在降维到 $K=100$ 的时候，过滤效率最高。

　　3）文本摘要

　　由于目前网上在线文本日益增长，通过自动文本摘要帮助用户有选择地阅读文本很有必要。潜在语义分析空间向量可以同样地表示文本的分段，并可在分段中选取典型的最重要语句，自动生成一种类型的概要。该方法结果比较可靠、稳定，且可操作性强，不依赖于领域，完全建立在文本集上，除分词字典外无需任何其他知识库的支持。无论是主观评价、客观评价还是一致率评价，都显示出潜在语义分析后的摘要基本概括了文本的主要内容。

　　4）认知科学

　　在认知心理学中，潜在语义分析是一种语言学习模型。潜在语义分析的学习同孩子的学习过程类似，这两者的学习效率相差也不大。在 2~20 岁的人群中曾做过这样一项对比测试，每人平均每天阅读 3 500 个单词，则每天可以新学 7~15 个单词。若潜在语义分析也阅读相同数量的文章，其每天也可以新学到 10 个单词，对比实验表明，潜在语义分析与人类的学习效率相似。通过大量的"阅读训练"，潜在语义分析可以达到学习的目的，并可以自动建立向量矩阵，实现相应的功能。

　　5）数据挖掘

　　美国田纳西大学的 Lingqian Jiang，Michael W. Berry，June M Donato 等五人利用潜在语义索引对 Nielsen 公司的消费者数据库进行了数据挖掘。把消费者个人信息中的重要特征属性看作文本-词频矩阵中的词频，把消费购买行为看作是文本，得到一个频次矩阵。对 Nielsen 公司数据库数据进行潜在语义分析得到的结果进行 Xz 检验和再取样检验，得到很高的置信度。

　　6）利用概率潜在语义分析技术进行人体动作识别

　　目前，人体动作识别大致分为两个步骤：一是底层视频特征提取与表示；二是高层人体动作建模与识别。底层视频特征提取方面，整体运动特征和局部运动特征被广泛应用于动作识别。整体特征能够在语义水平上较好地分析人体动作，但其致命缺陷是高度依赖人体部位的跟踪，如果出现遮挡或环境变化复杂等因素，将无法得到完整的运动信息。概率潜在语义分析模型是 Thomas Hofmann 提出的一种主题模型，Niehles 等提出使用概率潜在语义分析模型识别和定位人体动作并取得了较好的识别效果。

7）百度作文预测

百度作文预测使用的主题模型技术叫作 LDA。LDA 的基本思想非常简单，计算机认为文章只不过是一些词汇的集合，而每个主题，也只是一些关键词的集合。计算机没必要"理解"每个主题或者每个词的意思，甚至根本不用管这些词出现的先后顺序。通过人为地设定一些主题，并且在数据分析的帮助下给每个主题设定好关键词，如"狗"的主题下的关键词可以包括"骨头""汪星人""忠诚""朋友"等。这些关键词的设定没必要非常严格，到底哪个词更重要可以交给机器去发现。

这样我们就有了一个主题的集合，每个主题又都是一大堆关键词的集合。同样一个词可以在多个主题中出现，但是在不同主题下出现的概率不同。

计算机要做的仅仅是使用一定的数学方法对每篇文章中的词汇进行分析。一篇文章拿过来，要做的就是把事先设定的所有主题一个一个地过一遍，计算这篇文章中的词汇对应每个主题的可能性是多少，计算结果就是这篇文章的内容对每个主题的概率大小。因而，计算机可以判断一篇文章最有可能是什么主题，第二可能是什么主题……这就相当于计算机已经"读懂"了这篇文章。

百度只要把海量的作文都用这种方法分析一遍，就得到了各种不同主题的出现总概率。更进一步，再结合年度风云搜索信息和当年的热点新闻信息，就可以判断现在最流行的作文主题是什么。

5.3 大数据群智计算与商务智能应用

无论是结构化数据还是非结构化数据，机器学习方法在抽取多源异构数据语义时都面临两大挑战：语义标注问题及数据不一致性，群智计算是解决这两个问题的有效策略。群智计算利用人类智慧对语义理解的天然优势，将一个复杂任务人为分解为多个关联度很小的子任务，并通过激励机制将参与者完成的子任务聚合从而完成该复杂任务。

5.3.1　群智计算简介

随着计算机及互联网的普及与发展，数据的采集与分析工作早已从人工向计算机转变。虽然利用计算机处理数据可节省大量时间，但随着大数据时代的到来，海量数据的分析工作对于单一的计算机来说也是一项纷繁复杂并且十分耗时的任务。单一计算机处理任务的模式已经不能够满足现有的需求，研究人员开始探索新的计算处理模式。

2006 年，"众包"这个概念首次在《连线》杂志上被正式提出。众包指的是利用互联网将工作分配出去，通过互联网用户资源，协助完成工作。虽然当时众包的概念更大部分是从商业角度提出的，但其商业运作上的成功和其分布式的思想给计算模式的转变带来了新的契机，群智计算应运而生。随着移动智能设备的发展，大多数移动设备都配备了各式各样的传感器，携带有这些移动设备的用户能够利用相关的系统组成可移动的"传感器节点"，利用众包思想，完成一定的传感任务，这种模式被称为移动群智感知。群智计算系统就是众包系统与移动群智感知系统的综合。简单来说，群智计算就是利用多个用户通过任务分解、分布式执行、结果汇聚的方式来共同处理单个用户难以完成的大规模任务的一种计算模式。

然而与计算机相比，人力更加昂贵并且完成任务的速度较慢。此外，用户的能力也不均衡，有的用户能够胜任系统分配的子任务，有的用户却不能。因此，群智计算系统需要有相应策略来解决这些问题。一般来说，这些策略包含质量控制、费用控制和时间控制。

5.3.2　群智计算的质量控制

尽管能够利用人类的智慧，群智计算依然有可能获得低质量结果，甚至是噪声数据。这主要有两方面原因。一是参与群智计算的用户出于恶意，故意提供错误的计算结果；二是参与群智计算的用户不具备完成任务的能力，从而提供低质量的结果。因此，为了保证任务完成的质量，群智计算系统需要有较高的容错能力和过滤噪声结果的能力。

一般来说，群智计算系统有三种方式来保证任务质量。一是任务用户淘汰机制（worker elimination），淘汰掉低质量任务用户；二是回答聚合（answer aggregation），将同一个任务分配给不同的用户，然后将这些用户的返回结果进行综合；三是任务分配（task assignment），将任务指派给合适的用户。

5.3.3　群智计算的费用控制

人力资源不是免费的，如果群智计算系统分配的任务过多那么相应的人工费用十分昂贵。例如，一个实体解析的任务，如果有一万个实体，那么就有 5 千万个实体对，即 5 千万个子任务。那么，即使一个子任务的人工费为 1 分钱，完成整个任务的人工费用也是惊人的。因此，为了有效完成任务，群智计算系统需要有合理的费用控制机制。

一般来说，群智计算系统有以下四种方式来控制费用。

（1）修剪任务（pruning），即采用合适的算法对所有的子任务进行预处理，去除掉重要性较低的子任务，只将重要性高的子任务交付给任务用户完成。其核心思想是一个任务的所有子任务并不都是需要人工处理，有很多容易的子任务只需要用计算机处理，只有那些困难的、计算机无法有效处理的任务才提交给任务用户来完成。需要注意的是，如果修剪策略选择不当，会导致部分任务被错误地交给计算机完成，从而没有机会再被交给人类来检查。

（2）任务选择（task selection），即将所有子任务按照优先级排序，优先级高的子任务交给高质量的任务用户完成，优先级低的子任务交给一般任务用户完成。这种方式的核心思想在于任务用户完成任务的能力不同。一般来说，能力强的任务用户费用较贵，能力弱的任务用户费用便宜。因此为了控制费用，只将重要的任务交给能力强的任务用户，而优先级低的子任务交给能力弱的任务用户。需要注意的是，任务选择可能会延长任务完成的时间，因为有的任务需要多个轮次来执行。采用任务选择策略，会使每一轮次执行的子任务数减少，从而增加了任务执行的轮次，最终导致任务完成时间的增加。

（3）回答演绎（answer deduction），即某些情况下，根据已完成的子任务的结果，可以演绎出未完成的子任务的结果。例如，群智计算系统有三个子任务：确定（A，B），（B，C）和（A，C）的关系。如果已知 A 等于 B，B 等

于 C，那么 A 和 C 的关系可以演绎出来，即 A 等于 C，故（A，C）子任务就不用提交给群智计算系统。需要注意的是，回答演绎策略可能会使人类错误向后传导和放大。例如，（B，C）的关系被任务用户错误地标记为相等，那么通过回答演绎策略推出（A，C）的关系为相等同样也是错误的标记。

（4）采样（sampling）。通过合适的采样技术，对所有子任务进行采样，使一个较小的样本任务集合就能较好地代表所有的子任务。然后再将样本任务集合提交给群智计算系统。

综上所述，部分费用控制策略是在任务在群智计算平台上发布之前执行的，如修剪任务和采样。有的费用控制策略是递归执行的，如回答演绎和任务选择。以回答演绎为例，回答演绎策略采用递归的方式发布任务，第一轮选择部分任务发布到群智计算平台上，然后演绎出部分任务的结果，再选择部分任务发布，然后再演绎出部分任务的结果，以此类推直到所有任务执行。

这些费用控制策略也可以同时使用，如在任务发布之前，先执行修剪任务策略，修剪掉简单任务。然后对于剩下的任务再执行任务选择策略。

此外，群智计算的费用控制会影响质量控制。不当的修剪策略和存在错误的人工标注的回答演绎策略都会降低群智计算的质量。

5.3.4　群智计算的时间控制

任务用户完成任务的过程可能会花费超额的时间。例如，任务用户没有认真去完成任务或者没有足够多的任务用户来完成所有任务，或者任务对于大多数任务用户来说过于困难。如果一个群智计算的任务有较严格的时间需求的话，那么群智计算系统需要有合适的时间控制机制来控制任务完成时间。

当然，最直接的方法就是提高价格，高价格自然可以吸引更多的任务用户来完成任务，消耗的时间就会减少。群智计算系统可以将紧急的任务提高价格，不紧急的任务保持低价。

此外，还有两种时间控制模型用于缩短任务时间。

（1）回合模型（round model）。有时所有子任务需要多回合来完成，其中每回合有一部分子任务提交给群智计算系统，当这回合任务完成后，再进行下一回合的任务。假设有 n 个子任务，每一回合执行 k 个子任务，则共要执

行 n/k 回合。为了减少所消耗的时间，可以采用 5.3.3 节中的回答演绎来减少需要执行的子任务，即通过已执行的子任务结果来演绎出部分未执行任务的结果，从而减少子任务数量，最终使执行的回合数小于 n/k，因此减少了任务消耗时间。

（2）统计模型（statistical model）。部分研究者通过采集实际运行的群智计算平台的统计值来对任务用户行为建模。Yan 等建立了一个统计模型来预测任务的完成时间。Faradani 等建立了一个统计模型来预测群智计算平台任务用户的就位率，并描述任务用户如何在平台上选择任务。通过这些统计模型，部分研究者可以预测任务是否能在规定的时间范围内完成。

此外，群智计算的时间控制和费用控制及质量控制同样是相互影响的。费用控制会导致任务完成时间的增加，如回答演绎策略可能增加任务的执行回合数。质量控制也会导致任务完成时间的增加，如质量控制策略将难度高的任务分配给更多的任务用户，同样会增加任务的执行回合数，从而导致任务完成时间增加。

5.3.5　群智计算的应用

本节将介绍四类群智计算的典型应用，从应用实例的视角剖析群智计算如何应用于人们的日常生活之中。

1. 实时 O2O 应用

共享经济时代典型的互联网+商业模式之一正是 O2O 商业模式，该模式旨在借助移动互联网技术通过线上招募的方式来整合调度线下的空闲资源，以达到线下空闲资源的高效共享。当前流行的 O2O 应用有实时专车类的滴滴出行、神州专车与 Uber；物流派送类的百度外卖、Gigwalk 与 TaskRabbit 等。以国内互联网巨头百度公司 2014 年提出的"百度外卖"为例，该服务可支持用户发布外卖任务，随后系统分配某位配送员根据用户任务需求购买餐饮并提供配送。在此类应用中，点餐订单为众包任务，而配送员则为众包参与者。此外，度量该送餐服务质量的一个重要指标显然是用户的等待时间，而优化配送等待时间这一指标既受制于外卖任务出现的随机性与不确定性，又取决于根据外卖任务的时空分布而采取的配送策略，这也正是群智计算的研究重点。

2. 交通管理应用

交通实时路况监控时刻影响着人们的日常出行与生活方式。近年来，随着便携式移动计算设备的普及，基于位置服务的提供商所开发的移动导航类软件已经可以较为精准地提供实时路况监控信息。例如，国内的百度地图与高德地图，国外的 Waze 等。该类软件所获得的精准交通监控信息主要源自其大量用户的移动设备中传感器的数据。通过获取大量用户在不同时刻的空间分布信息与对应的各类传感器数据，该类软件可分析推测出实时的交通路况。换言之，移动导航类软件在用户使用其软件的同时发布了一项潜在的众包任务，即分享用户的时空信息与传感器数据，而其用户也被动地成为众包参与者。此类场景在移动互联网研究中也被称为"参与感知"（participatory sensing）。

3. 灾情监控应用

近年来，由于国内外重大自然灾害频发，如海地地震、日本福岛海啸、我国四川雅安地震等，各国政府均高度重视灾后监控，以减轻后续余震等对灾区的影响。因为基础设施破坏严重，灾后的官方监控消息发布与更新通常迟缓且滞后，一些大型社交媒体所开设的灾情信息分享平台反而成了第一手信息获取的源头。例如，Twitter 在 2010 年 1 月的海地大地震后构建了灾情分享平台，众多灾区人民利用智能手机等移动设备发布自己所在地的第一时间灾情。其实，该分享平台背后隐含着群智计算技术。换言之，Twitter 分享平台所发布的灾情调查可被视为其发布的一项众包任务，任务内容即上报用户所在地灾情，而每位分享灾情的用户充当了众包参与者的角色。若能对此类应用的监控质量与救援情况作进一步优化，则可根据灾情分享信息的时空特征更有针对性地分配救助小组。

4. 社交媒体应用

随着 Web 2.0 技术的迅猛发展，各类在线社交媒体（online social medias）层出不穷。特别是随着移动互联网技术的普及，众多社交媒体开始推出一种"基于事件的社交服务"，如 Meetup、Plancast 和 Whova 等。在此类服务中，事件组织者在社交媒体平台上发布社交事件的时空信息（如事件的召集地点与时间等），社交媒体平台会推送不同的社交事件给可能的潜在参与者，若参与者规模不足，则事件可能被取消。该类应用也蕴含着群智计算的思想，不同社交事件可被视为不同的众包任务，而事件的参与者则可被视为时空众包参与者。如果要提高该类应用的服务质量，如推荐成功率，那么在做推荐决策时既要考虑不同潜在参与者的兴趣偏好又要考虑社交事件与参与者的时空信息等因素。

第6章 大数据知识融合技术

在电商企业的发展运营过程中，产生或获取到的相关知识可以通过转化为企业带来竞争优势，但这种优势会随着其他竞争企业知识拥有数量的增加而快速衰减。因此，企业内部需要更加高效地进行知识的传递与学习，最大化地实现电商企业知识获取与学习的效率，为企业的商业竞争提供坚实的基础。

人类自始至终从未停止过对知识的研究与探索，直至进入信息化社会并逐渐向知识化社会迈进，通过计算机的应用，人类才开始真正把知识从概念跃升到知识科学。知识工程是 20 世纪 70 年代后期从构建专家系统、基于知识的系统和知识密集型信息系统的技术发展而来的。Guns Schreiber 认为"知识工程是一种建模活动，模型是对现实的某一部分进行的一种有目的的抽象。建模是对知识的少数几个方面建立一种好的描述，而忽略其他方面"。因此，知识工程领域最主要的研究内容是知识表示和基于此的知识应用。知识模型本身是一个阐述"知识—密集型信息—处理任务结构"的工具，一个应用的知识模型可提供该应用所需的数据和知识结构的规范说明。

6.1 知识模型与建模

6.1.1 知识模型构建理论

知识模型是提供知识表示和操作的形式，一个好的知识模型必须具备表示该领域所需要的各种知识的能力，具备操作已表达结构的能力，以及具备综合附加信息到知识结构中去的能力和顺利获取新信息的能力。

知识模型的构建是通过相关知识的收集、梳理、分类和组织，转化为统一的格式存储、重组和整合来帮助人们理解和解决问题，使不同的用户可以快速找到急需的知识，发挥知识共享的作用，实现人与人之间更好的交流，更快速准确的查找。对于知识的获取、表示和推理是知识模型的核心部分。一般来说，知识模型包括领域知识、推理知识和任务知识三部分，每个部分可以称作一个知识范畴。领域知识针对的是特定领域中涉及的相关知识，同时还应讨论知识的类型；推理知识描述了使用领域知识进行推理的具体步骤；任务知识则描述应用模型应达到的目标，怎样通过任务的分解来实现这些目标。知识模型的好坏取决于是否具备表示该领域知识的能力，是否具备好的操作能力，以及是否具备知识的扩充和快速获取的能力。上述三个知识范畴构建的知识模型，均体现了良好的性能。

6.1.2 知识建模概念

知识模型是对知识的形式化表达和操作方法的描述。传统的知识模型包括基于框架、规则、产生式系统、面向对象、语义网络的知识模型等。一个好的知识模型不仅能使根据此模型开发的知识系统具有完善的功能、方便的人机交互界面，还能使知识工程师方便地把握知识的识别环节，分析知识应用的瓶颈，从而提高工作效率。

知识建模对知识重要的几个相关层面建立一种有效的描述，而忽略其他次要的方面。知识建模是对知识的抽象，目标是建立静态的（关注知识源本身）和动态的（关注知识应用过程）知识模型。知识模型的构建在知识建模系统的开发过程中，相当于概念化阶段。

1. 知识建模的意义

知识建模的目的是更加详细地解释说明执行任务中所用到的知识类型和知识结构。知识模型的构建，相当于在知识系统开发过程中概念化阶段要做的工作。从软件工程的角度来看，知识模型反映了知识管理系统的整体思路和功能模块，因此，构建知识模型和系统设计融为一体。通过知识模型，人机间的交互更为方便，通过领域专家对知识的识别与获取，避免了重复性的工作，提高工作效率的同时，也不断提高模型中知识的质量与数量。

2. 知识建模的方法

知识模型最核心的部分是如何合理有效地进行知识表示。对于不同类型的知识范畴，选用不同的知识表示方法对知识处理的影响很大。

知识表示领域的核心是解决如何进行信息的编码并对推理计算模型加以利用。知识表示是指为了便于知识的公开、共享和重用，对其进行输入、分类、标准化等一系列处理和加工，并能够通过信息手段进行传递。不同的知识范畴组成了知识模型，针对类型不同的范畴，应选择不同的知识表示方法。目前在知识系统模型构建框架中，常用的有 CommonKADS、Protégé、KSM、RLM（role-limiting-method）、GT（generictask）、MT（method-to-task）、MIKE、VITAL、Commet 等。以上构建方法从思想上基本相似，但在具体的实现途径、细节和侧重点上又不相同。由于 KADS 和 CommnoKADS 提出了"知识模型"的结构，而在研究中占有十分重要的地位。表 6-1 给出了相关建模方法的比较与分析。

表 6-1　基于知识系统模型的建模方法的分析与比较

方法名	优点	缺点	侧重点
CommonKADS 法	以不同的层次框架对知识进行了较好的定义	知识模型具有较强的专用性，不能顺利被其他系统使用	强调类似软件工程系统方法对知识工程提供支持
RLM 法	以角色作为驱动获取知识的能力较强	应用面较窄	注重模型与知识获取间的相互关系
GT 法	拥有较强的显示表达能力	产生的任务结构，不利于知识的组合	主要侧重于模型的可重用性
MIKE 法	增量式开发方式	应用面较窄	主要强调增量式开发
MT 法	明确区分了知识工程师和领域专家的不同任务	应用面较窄	注重模型与知识获取间的相互关系

通过上述对比分析可以看出，知识建模方法在知识的表示、传递及共享的过程中存在一些问题：①不能保证知识在传递和共享过程中的唯一性和无二义性；②在原子性知识激增的环境里，通过知识的累加而形成的复杂知识，在表达和推理时容易产生组合式爆炸。

为了有效地解决上述问题，在知识建模中引入了本体这一概念。本体自身的建模元语从概念、属性、实例的角度出发，形式化地描述了领域内的基础，加强了知识在软件系统中的共享和重用。

企业知识建模能通过以下几种方式提高企业竞争力和对市场的适应能力，

图 6-1 所示为英国管理学杂志列出的通过知识建模给企业带来的收益。

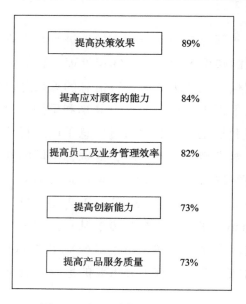

图 6-1 知识建模的主要收益

（1）通过数字化和知识化将大量无序信息有序化，为员工提供知识共享的环境，提高其工作效率和创新能力，改善服务质量。例如，巴克曼实验室与 Learner First 公司合作开发了一个知识建模项目。开发的工具能为不同的员工针对不同任务提供不同的工作环境，能够随工作环境变化的需要随时进行更新，这有利于知识的共享、传播和存储。

（2）扩充企业知识库，将个人知识提升为组织知识，减少员工离职对正常业务运作的影响。有企业知识库为基础，新员工能很快地熟悉前人的工作环境，学习其他员工的经验。

（3）分析外部环境的机会和挑战，获取相关信息，相应调整企业战略。通过对企业外部知识的建模，收集具有突破性技术和变化的外部环境信息，企业可以借助动态更新的知识库敏锐地感知外界环境的变化，并制定适当的调整策略。

（4）通过知识将知识和人关联起来，帮助人们在获取知识过程中减少知识的扭曲。

（5）知识载体建模能有效组织企业内的知识和员工专长信息，员工在需要时可方便地找到掌握知识的专家，并与其进行直接交流，获取任务相关的知识。

（6）方便获取前人累积的知识，并以此为基础不断创新，实现企业的可持续发展。

6.1.3 案例分析

学术期刊是各学科文献交流的平台，我们可以从中了解各学科领域的最新前沿动态、发展趋势及特点，获得理论指导。为了能够更有效地利用这些资源，我们可以通过建立该领域的本体，对中外文期刊的学科分类进行认识上的统一，来达到真正意义上的知识共享。

具体建模过程如下所述。

1）事先规划

目的是建立一个简单的小型的领域本体，应用范围是用于实证研究，使用者为作者本人，选择领域为学术期刊论文-引文知识联盟。

2）知识获取

在这个本体当中，核心概念主要是期刊、文献、引文以及学科、作者，这几个概念之间的关系：一个学术期刊有若干篇文献，一篇文献又有若干篇引文，引文又是某个学术期刊中的一篇文献，每篇文献都有其作者而每位作者的论文不止一篇，每个期刊、每篇文献都是属于特定学科的特定范围。

3）确定概念及其属性

Journal 的属性包括：name，ISSN，impactfactor，publisher，region，language，publishing starting year，type。

Article 的属性包括：code，title，keywords，summary，publishingdate，project。

Author 的属性包括：name，organization，degree，research，employer。

Reference 是 article 的部分，它继承 article 的属性，它们之间是引用与被引用的关系。

Subject 的属性包括：name，code，每个学科类又有下一级子类和上一级子类。

它们之间的层次结构如图 6-2 所示。

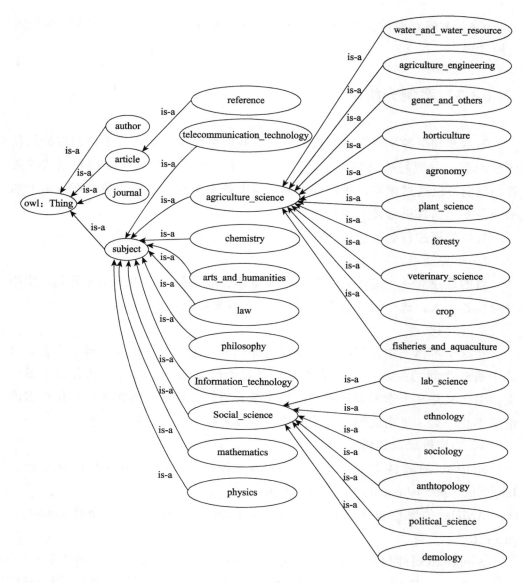

图 6-2　概念层次结构图

　　考虑到这些因素，对该领域知识的概念结构再添加两个概念：①报告（report）。会议（conference）是其中一个重要的属性，还有主题（theme）、会议召开时间（date）、与会代表人员（reporter）等；②组织（organization）。组织中的值约束为学会（association）、研究所（institute）、学校（school）等值。

　　扩展之后的知识概念层次结构如图 6-3 所示。

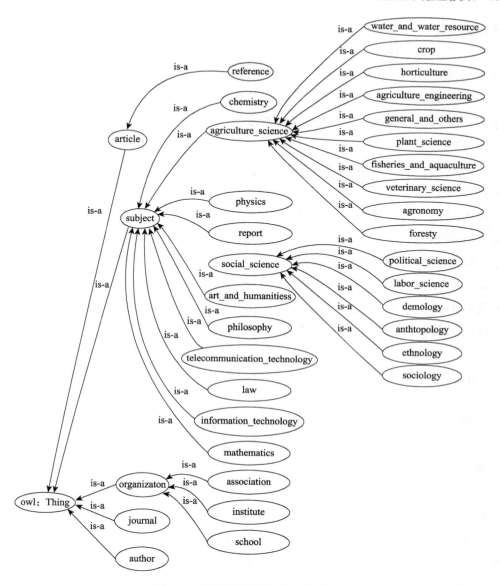

图 6-3　扩展后的概念层次结构图

6.2　知识表示与演化规律研究

知识由一个包含语义信息的特征集和与之相关的约束及规则集组成，所谓知识表示是对知识的一种描述或一组约定，是知识形式化和符号化的过程。知识表示主要是选择合适的方法表示知识，是对知识进行输入、分类、标准化等一系列的加工和处理，使其便于公开、共享和交流，并能够通过信息手段进行传递。领域知识的有效表示是决定知识模型的可用性和适应性的关键。

知识的表示就是一种计算机可以接受的用于描述知识的数据结构。某种意义上讲，表示可视为数据结构及其处理机制的综合：知识表示=数据结构+处理机制。

知识表示问题是知识工程要研究的根本问题之一。一般来说，要想通过计算机实现某种活动，必须要解决其行为和该行为所涉及的知识如何在计算机上表示的问题。随着计算机所处理的知识范围不断增大，它所操作的数据对象结构也越来越复杂，有些数据不像传统数据库中的数据结构那样有很强的结构性，如果要利用这些数据，首先要研究异构数据的集成问题，只有将这些数据集成起来提供给用户一个统一的视图或视觉，才有可能从巨大的数据资源中获取所需的知识。W3C 论坛的主席 Tim Berners-Lee 指出，知识表示代表了一种很好的思路，知识表示蕴藏着重要的应用前景。

6.2.1　表示主体

知识是信息接收者通过对信息的提炼和推理而获得的正确结论，是人对自然世界、人类社会以及思维方式与运动规律的认识与掌握，是人的大脑通过思维重新组合和系统化的信息集合。

在知识表示中，知识的含义和一般我们认为的知识的含义是有区别的，它是指以某种结构化的方式表示的概念、事件和过程。因此在知识表示中，并不是日常生活中的所有知识都能够得以体现，而是只有限定了范围和结构，经过编码改造的知识才能成为知识表示中的知识。知识表示中的知识一般有如下几类。

（1）有关现实世界中所关心对象的概念，即用来描述现实世界所抽象总结出的概念。

（2）有关现实世界中发生的事件、所关系对象的行为、状态等内容，也就是说不仅有静态的概念，还有动态的信息。

（3）关于过程的知识，即不仅有当前状态和行为的描述，还要有对其发展变化及其相关条件、因果关系等进行描述的知识。

（4）元知识，即关于知识的知识，如包括知识利用方面的知识。

6.2.2　知识表示方法

经过国内外学者的共同努力，已经有许多知识表示方法得到了深入的研究，目前使用较多的知识表示方法主要有以下几种。

1. 知识的规则表示

规则，又称产生式规则，是一种借助条件语句表示知识的方法。一般表示形式为：

条件？行动

或者

前提？结论

即表示为 if……then……的形式。其中左边部分确定了该规则可应用的先决条件，右半部描述了应用这条规则所采取的行动或得出的结论。目前，过程性知识通常用这种表示方法表示。

用产生式规则表示知识具有以下优点。

（1）结构上的模块化。可对单条产生式规则进行增添、删除或修改，而不用考虑它与其他规则的关系。

（2）形式上的单一性。采用单一的知识表示形式易于被其他人理解和接受。

（3）表达上的自然性。表示形式与人们求解问题时的思维形式非常相似。其缺点是缺乏灵活性、效率低下，对复杂概念、大型概念及动态概念不能很好地表示。

2. 语义网络

语义网络（semantic network，SN）于 1968 年由 Quilian 提出，是采用节点和节点之间的弧表示对象、概念及其相互之间关系的一种表示方法。语义网络在表示领域知识方面具有两种功能：一种是表达事实性知识；另一种是表达这些事实之间的联系，即能够从一些事实找到另一些事实的信息。它的特点是用单一机制来表达这两种内容，其表达能力很强而且可以灵活运用。从图论的观点看，语义网络其实就是"带标识的有向图"。有向图的节点表示各种事务、概念、属性及知识实体等；有向图的有向边表示各种语义联系，指明其所连接的节点之间的某种关系。另外，有向图的节点和边都必须带标识，以便区分不同的队形之间各种不同的语义联系。

一个语义网络可形式化地描述为：$SN = \{N, E\}$。其中，N 是一个以元组或框架标识的节点的有限集；E 是连接节点的带标识的有向边的集合。节点上的元组或框架描述了该节点的各种属性值，有向边上的标识描述了该有向边所代表的语义联系。

语义网络结构有以下几个特点。

（1）知识的深化表示。语义网络能把实体的结构、属性及实体间的因果联系简明地表达出来，与一个实体相关的事实、特征、关系可以通过相应的节点弧推导出来。基于语义网络的系统便于联想地实现系统的解释。

（2）层次性。能利用一些语义关系在网络中建立继承层次，从而便于对继承层次进行演绎推理。

（3）自然性。语义网络中的继承方式符合人类思维习惯。

（4）非有效性。语义网络结构的语义解释依赖于操作这些结构的推理过程，而没有结构意义上的约定。因此，由语义网络操作得到的推理不能保证如基于逻辑的系统那样的有效性。

（5）非清晰性。节点与节点之间的联系可能是简单的线状或树状，也可能是网状，甚至是递归的联系结构，相应的知识存储和检索可能需要较为复杂的过程。

3. 知识的框架表示

1975 年，美国科学家 Minsky 提出了框架理论，并把它作为理解视觉、自然语言对话及其他复杂行为的基础。框架表示法是以框架理论为基础的结构化知识表示方法。一个框架由若干"槽"组成，每一个"槽"又可分为若干个"侧面"。"槽"用于描述所论对象某一方面的属性，"侧面"用于描述相应属性的一个方面。若干相互联系的框架可以形成框架网络。框架能够表示结构性知识，可以很好地体现知识内部结构关系及知识间的联系，符合人类观察事物的思维方式。但其不足在于框架结构本身还没有形成完整的理论体系，框架、"槽"和"侧面"等知识表示单位缺乏清晰的语义，而且也不能表达过程性知识。

4. Petri 网

Petri 网是一种形式化的系统模型，它既有直观的图形描述，又有很强的模拟能力和完善的数学工具。Petri 网的主要特点包括并行、不确定、异步和分布描述能力，非常适合描述动态并发系统。Petri 网以研究模型系统的组织结构和动态行为为目标，着眼于系统中可能发生的各种状态变化和变化间的关系，能够很好地表达系统的静态和动态特性。Petri 网不仅为传统逻辑的符号串提供了直观的语义框架，而且由于 Petri 网的异步并发特性，逻辑概念不再受传统顺序思维的束缚。用 Petri 网进行知识表示的优势主要体现在三个方面：一是利用图形方式描述产生式规则，可以反映规则的整体情况及规则之间的关联关系；二是不依赖产生式规则的具体形式，可以实现规则和推理的完全分离，增强系统的灵活性和适应性；三是可以对冲突的检测和小结策略实现规则的有效维护，避免推理产生歧义结论。将 Petri 网理论应用于知识表示方法的研究在国内还处于起步状态。

5. 人工神经网络

1982 年美国物理学家 J. J. Hopfield 提出了神经网络模型，使神经网络的研究取得了突破性进展。人工神经网络是通过大量神经元具有一定强度的广泛连接来隐式表示形象知识，并将知识的表示、获取、学习过程结合为一体的方法。人工神经网络知识表示方法适合于多输入输出的知识领域，它改变了一贯采取先结构化知识，再设计求解方法的知识表示与推理方法，直接求解问题解或最优解。人工神经网络以分布方式表达信息，知识隐式表达，可实现并行、结构拓扑鲁棒、联想、原则上容错、自学习和处理复杂模式等功能，但其知识表示抽象，难以理解且解释性差。现有的知识表示方法都有各自的优缺点，难以适用于各种领域和问题。在系统构建中，通过结合、继承、融合、协调等方式得到较好的混合知识表示方法是现实的需要。在逻辑形式上，知识表示方法需要一种表达能力强、计算上具有可判定性、易于操作和应用的知识表示理论。在知识表示和推理中，解决知识中隐含的模糊性、不确定性是一个重要的研究方向。

6. 面向对象的表示方法

面向对象的知识表示方法是按照面向对象的程序设计原则组成一种混合知识表示形式，就是以对象为中心，把对象的属性、动态行为、领域知识和处理方法等有关知识封装在表达对象的结构中。在这种方法中，知识的基本单位就是对象，每一个对象是由一组属性、关系和方法的集合组成。一个对象的属性集和关系集的值描述了该对象所具有的知识，与该对象相关的方法集，操作在属性集和关系集上的值，表示该对象作用于知识上的知识处理方法，其中包括知识的获取方法、推理方法、消息传递方法和知识的更新方法。

7. 本体表示法

本体是自然事物及其关系的研究，在知识表示中又被称为形式化本体和计算本体，是某个领域事物的符号描述，方便知识共享和重用的实现。

本体的表示方法有很多种，本体的表示不仅可以借助自然语言，还可以使用逻辑语言（logical language）、语义网络（semantic web）或者框架（framework）来表示。虽然表示本体的方法有很多，但是在信息科学技术的背景下，本体主要还是利用计算机可识别的结构化描述语言来表示。根据本体应用场景的不同，本体表示语言可以分为两大类，分别是基于 Web 的本体标记语言和基于人工智能的本体实现语言。由于互联网技术正在快速发展，基于 Web 的本体标记语言的应用越来越广泛，由 W3C 提供的本体语言栈如图 6-4 所示。

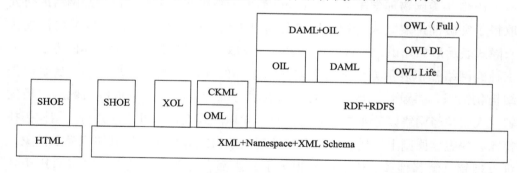

图 6-4 本体语言栈

本体是一个形式化、明确化、概念化的共享的规范。本体论能够以显式和形式化的方式来表示语义，提高异构系统之间的互操作性，促进知识共享。因此，最近几年，本体论被广泛用于知识表示领域。用本体来表示知识的目的是统一应用领域的概念，并构建本体层级体系表示概念之间的语义关系，实现人类、计算机对知识的共享和重用。五个基本的建模元语是本体层级体系的基本组成部分，这些元语分别为：类、关系、函数、公理和实例。通常也把 classes（类）写成 concepts。将本体引入知识库的知识建模，建立领域本体知识库，可以用概念对知识进行表示，同时揭示这些知识之间内在的关系。领域本体知识库中的知识，不仅通过纵向类属分类，而且通过本体的语义关联进行组织和关联，推理机再利用这些知识进行推理，从而提高检索的查全率和查准率。

8. 知识表示方法的发展趋势

1）多种表示方法相结合

在智能系统的开发中，单一知识表示方法暴露出一定的局限性。在一个智能系统中综合使用两种或两种以上知识表示方法，扬长避短，可以达到良好的知识表示效果，通常将此类智能系统称为混合智能系统。混合智能系统通过结合、继承、融合和协调数种知识表示方法来增强和提高系统的整体能力和性能。

2）面向网络环境

网络的广泛应用和迅速发展，使得任何一种系统不得不提出面向网络环境的解决途径。在开放、动态、分布的网络环境下，如何实现知识的共享、重用、协调、交互和转换等是如今网络技术迅速发展和影响力日益增加的迫切要求。为了在原万维网基础上表达更高层次的语义知识，提出了语义万维网的设想。语义万维网的观点是由计算机程序来自动完成网络信息和资源的交互、共享和协调，从而支持数据集成、知识发现和辅助决策等高层功能和应用。

此外，还有适合特殊领域的一些知识表示方法，如概念图、基于网格的知识表示方法、粗糙集、基于云理论的知识表示方法等。在实际应用过程中，一个智能系统往往包含了多种表示方法。

6.2.3　案例分析

1. 相关背景

咨询服务项目知识本体模型的构建目标是帮助咨询服务项目团队捕获相关咨询领域的相关知识，为咨询团队、咨询客户和咨询专家提供对相关领域知识的共同理解。明确咨询服务项目知识本体的构建目的后，主要任务是确认领域知识核心概念、子概念及概念范围。本部分内容参考了美国项目管理协会发布的项目管理知识体系指南（PMBOK 指南）第五版和咨询服务领域相关书籍中相关知识和概念，同时邀请咨询专家提供咨询知识概念的参考意见。

咨询服务项目知识资源对应的核心概念是咨询项目知识，其下属的子概念是咨询领域和项目管理。咨询是指具有法律、技术、金融、管理等行业或专业知识的个人或组织向知识服务需求方提供基于资料、数据、信息或方案的知识产品的有偿服务性活动，咨询领域是指限定在以上各类咨询服务活动区域的专业性知识范畴。从咨询服务的角度出发，咨询项目是为创造满足特定要求的知识性产品和服务进行的临时性工作。咨询服务项目案例资源对应的核心概念是咨询项目文档，其下属的子概念是项目章程文档、项目管理计划书、项目工作说明书或项目招标文件、项目报告、项目演示文档和项目记录。项目章程文档是咨询项目过程中具有约束能力的官方说明文件，由项目组织委员会最高管理层签署，明确了咨询项目范围、项目完成时间、项目预算以及项目可交付结果和质量评估等约束条件，同时也明确了咨询项目经理和各种资源的调度情况。项目管理计划书是对项目进行规划、组织、执行、控制和收尾的全部计划正式说明。项目招标文件是咨询客户为实现其目标而提出寻求有偿咨询服务的正式说明文件。项目报告是根据项目记录文档整理出来的有关项目详细情况的正式说明文件，同时也是项目沟通管理计划中最常使用的文档材料。项目演示文档是咨询项目成员通过正式或非正式的方式向项目利益干系人提供其所需知识的文档。项目记录包括往来信件、回忆备忘录、会议记录及其他项目描述文件。咨询服务项目人力资源对应的核心概念是咨询项目参与人员，其下属的子概念是项目团队、咨询客户、咨询专家。项目团队是指包括项目经理、项目管理人员及其他执行项目工作但可能没有承担项目管理责任的团队成员。咨询客户是指要接受项目可交付成果或产品的组织。咨询专家是指来自于咨询服务提供方外部受咨询服务方委托为咨询服务项目提供专业领域知识和行业经验的人员。

在明确了本体涉及的概念、子概念、概念层级和概念范围后，根据已确定本体核心概念和概念范围，从中抽取能代表各层次概念范围的类和子类，以及定义不同概念层次的类的层次结构。通过核心概念、子概念和概念层次结构来确定本体的各层次类和类的层次结构时，不但需要参考咨询项目人力资源管理、咨询项目知识管理和咨询项目文档管理等方面的文献资料，也需要邀请咨询项目主管和咨询专家参与到咨询项目本体类和类的层次结构的定义中。

2. 本体设计

咨询项目本体的核心是类与类的层次结构，类是知识领域概念的代表，也是本体中实体对象的抽象描述。类与类之间的关系包括 SubclassOf、Equivalent 和 Disjoint。SubclassOf 用于描述类与类之间的上下级关系，如"咨询领域"是由

"管理咨询""IT 咨询""法律咨询"等构成的领域范围，那么就认为"咨询领域"为父类，即上级类，"管理咨询"为子类，即下级类。Equivalent 类是指处于同一层级的类，如"管理咨询"和"法律咨询"是同一级别的类。Disjoint 是指不相交的类，如"法律咨询"和"IT 咨询"是概念之间没有重复的类。类的层次结构可以理解为是由最上层的父级自上而下逐层展开的，父层的类比下层的类的概念含义更为抽象，下层类则更为具体，如"法律咨询"是相对于"咨询领域"更为具体的子类。本部分采用自上而下的方法定义并构建本体的类与类的层次结构，同时也整合了咨询领域专家和咨询团队业务知识和实践应用经验。

咨询服务项目本体的顶层结构中共有三个顶层子类，即咨询项目知识、咨询项目文档、咨询项目参与人员。具体的咨询服务项目本体类与类的层次结构如图 6-5 所示。

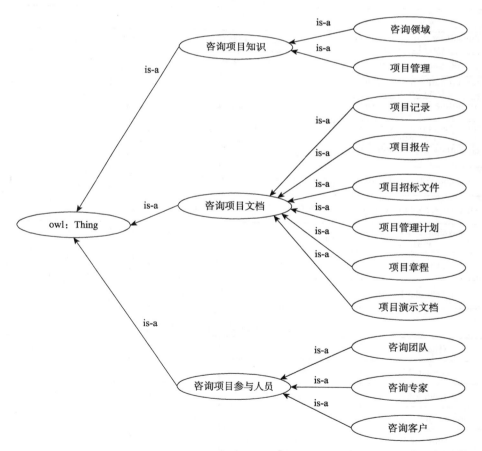

图 6-5　咨询服务项目本体层次结构

构建咨询服务项目本体的类和类的层次结构后，明确概念类的属性和属性间关系。

在定义"咨询项目文档"中的"项目招标文件"时，可以定义业务需求等文档的关键词（document keywords）并且可以赋值（value），形成描述文档主体内容的关键词词汇。另一类属性用于描述概念间的关系，称为对象属性（object property），对象属性通过属性的定义域和值域来详细描述概念与概念之间的关联。例如，在描述"咨询专家"拥有咨询领域专业知识时，可以定义对象属性"has Field Knowledge Of"的定义域为"咨询专家"，值域为"管理咨询"。这里构建并定义的咨询服务项目本体的数值属性和对象属性如表 6-2 和表 6-3 所示。

表 6-2　咨询项目案例本体数值属性

数值属性	属性说明	定义域	值域
consulting Project Document Data Property	咨询项目文档数值属性	咨询项目文档	Xsd：string
document Keywords	文档关键词	项目报告	Xsd：string
consulting Project Knowledge Data Property	咨询项目知识数值属性	咨询项目知识	Xsd：string
consulting Project Knowledge Area	咨询项目专业领域名称数值属性	咨询领域、项目管理	Xsd：string
consulting Project Knowledge Definition	咨询项目专业知识定义数值属性	咨询领域、项目管理	Xsd：string
consulting Stake Holder Data Property	咨询项目参与人员数值属性	咨询项目文档	Xsd：string
stakeholder Involved Project	咨询项目参与者参与项目数值属性	咨询团队、咨询客户、咨询专家	Xsd：string
stakeholder Knowledge Area	咨询项目参与者知识领域数值属性	咨询团队、咨询客户、咨询专家	Xsd：string
stakeholder Knowledge Contribution	咨询项目参与者知识贡献数值属性	咨询团队、咨询客户、咨询专家	Xsd：string
stakeholder Name	咨询项目参与者个人姓名数值属性	咨询团队、咨询客户、咨询专家	Xsd：string
stakeholder Position	咨询项目参与者职位说明数值属性	咨询团队、咨询客户、咨询专家	Xsd：string

表 6-3　咨询项目案例本体对象属性

对象属性	说明	定义域	值域
consist Of	文档的知识构成	咨询项目文档	咨询项目知识
compose	与 consist Of 相反	咨询项目知识	咨询项目文档
document Compile	项目成员编撰项目文档	咨询项目参与人员	咨询项目文档
is Compile By	与 document Compile 相反	咨询项目文档	咨询项目参与人员
compile Invite Bids Report	咨询客户编写招标文件	咨询客户	项目招标文件

续表

对象属性	说明	定义域	值域
Invite Bids Compile By	与 compile Invite Bids Report 相反	项目招标文件	咨询客户
PM Plan Compile	咨询团队编写项目计划	咨询团队	项目管理计划
is Member Of	项目参与人员的组成	咨询专家、咨询团队、咨询客户	咨询项目参与人员
consist Of PM Knowledge	项目管理知识的构成	项目管理计划	项目管理
has Field Knowledge Of	拥有咨询专业知识	咨询专家	咨询领域
has PM knowledge Of	拥有项目管理知识	咨询团队	咨询管理
Project Reports Compile	编撰项目报告文档	咨询团队	项目报告
Project Record Compile	编撰项目记录文档	咨询团队	项目记录
Project Charter Compile	编撰项目章程文档	咨询团队	项目章程
Presentation Compile	编撰项目演示文档	咨询团队	项目演示文档

6.3　个性化知识融合

正如 Google 的首席经济学家 Hal Varian 所说，在当前网络大数据时代，数据是广泛可用的，所缺乏的是从中获取知识的能力。有效利用网络大数据价值的主要任务不是获取越来越多的数据，而是从数据中挖掘知识，对知识进行有效的组织关联，并将其应用到实际问题解决中。

来源于大数据的知识面临以下几个问题。

（1）知识分散在网络大数据中，要从网络大数据中公开的海量碎片化数据中获取知识无异于"大海捞针"。

（2）知识的真值随时间动态演化，知识之间可能存在新值与旧值的冲突，同时，知识的真值可能会湮没在错误值之间，导致知识真值发现难。

（3）由于自然语言表达的多样性，存在大量同义和多义表达的知识，知识的语义理解难。

（4）依托不同数据源的知识的质量与数据源的质量密切相关，导致知识的价值判断难。

针对这些困难和挑战，国内外工业界和学术界通过研究知识融合方法，将网络大数据获得的知识有层次、有结构、有次序地关联组织起来，构建相应的知识库来支撑上层应用，挖掘网络大数据的价值。

6.3.1 从数据融合到知识融合

大数据应用的数据源分散自治，呈现出非中心化特征。早期分布式数据库领域的思路是将不同数据源的信息汇聚，形成面向主题的集成数据集合进行处理，即实现了数据或信息层面的融合。当需要对大数据进行挖掘时，由于数据异质性大，模型难以胜任聚合后的异质数据挖掘。同时，由于数据体量大，数据聚合引起的通信代价将十分昂贵。鉴于此，大数据融合的可行思路是分别利用合适模型对多源异质数据进行挖掘，然后在知识层面（或模型层面）进行模式融合。不容忽视的是，局部挖掘将导致知识的片面性和不一致性，和"盲人摸象"所得到的令人啼笑皆非的结论一样，这对知识融合模型与方法提出了更高的要求。

在大数据分析中，数据融合是基础，为事务型应用和后续挖掘任务提供数据支撑。而知识融合是实现线上线下一体化、支撑智能应用的关键。

知识融合是将从网络大数据公开的碎片化数据中获取的多源异构、语义多样、动态演化的知识，通过冲突检测和一致性检查，对知识进行正确性判断，去粗取精，将验证正确的知识通过对齐关联、合并计算有机地组织成知识库，提供全面的知识共享的重要方法。

通过知识融合的定义可以看出，知识融合建立在知识获取的基础上，知识获取为知识融合提供知识来源。在知识融合中，如何刻画开放网络知识的质量，消除知识理解的不确定性，发现知识的真值，将正确的知识更新扩充到知识库中是研究者们关注的重点。知识融合不同于数据融合、信息融合。数据融合处理的是最原始的、未被加工解释的记录，表现为对文本、数字、事实或图像等数据的关联、估计与合并。信息融合处理的对象则是被加工过的建立关联关系的数据，被解释具有某些意义的数字、事实、图像及能够解答某一问题的文本等形式的信息。而知识融合处理的对象是知识，值得重点关注的是知识不是数据的简单累积，而是有序的可用于指导实践的信息。

6.3.2 数据和信息聚合

由于结构化数据属性固定且语义清晰，同时早期的决策支持需求较为简单，通过数据查询和统计报表即可满足，因此，在联邦和分布式数据库领域的研究致力于如何将多源数据统一集成。主要技术手段包含以下三类。

（1）基于中间件的方法。中间件负责将数据需求分解到各个数据源，集成局部响应结果作为全局响应，该类方法的应用最为广泛，代表性的聚合框架有 Ariadne、TSIMMIS、Havasu 等。

（2）基于数据仓库的方法。通过对异构数据的清洗和转换，形成面向主题的、集成的、相对稳定的、反映历史变化的数据集合。

（3）基于本体的方法。通过构建跨数据源的语义知识来增强数据源间交互的理解，典型的聚合框架包含 KRAFT、SIMS、OntoBroker、InfoSleuth 等。

非结构化异质数据具有不确定性、歧义性、模糊性及不完整性等特征，利用语义技术对数据建模，进而生成结构化的语义描述对融合非结构化数据至关重要。目前，对此问题的主流研究范式是在非结构化数据存储的基础上构建一个结构化的语义描述模型，形成两层映射关系。针对不同领域的实际应用，大量研究沿着这一思路提出了很多方法和实际系统，如语义 Web 架构 SWASN，用于处理遥感数据；利用本体和 RDF 数据表示和标记方法，提出异构数据的统一描述模型；数据封装本体的自动产生方法。在结构化语义描述之上，非结构化数据的融合被建模为统计或机器学习问题，从数学模型角度，已有的数据融合方法包含基于概率的方法、基于证据信念推理的方法、基于模糊推理的方法及基于粗糙集理论的方法等类型。

Kopanas 等认为领域语义知识对大数据挖掘算法和分析平台的设计具有重要指导意义，如确定数据建模中的有用特征、明确大数据分析的商业目标等。尽管对非结构化异质数据语义建模的研究范式已经得到广泛认同，但是，包含社会化、移动、O2O 等要素的新兴电子商务领域的大数据语义建模尚未有研究成果出现。

6.3.3 知识融合

知识融合（knowledge fusion，KN）的概念主要来源于知识科学（knowledge science，KS）和信息融合（information fusion，IF）这两个概念。知识融合的作用就在于它可以把来自于多个异构知识源的知识通过知识获取技术获得，然后经过识别、消歧、冗余等一系列处理手段将知识进行整合，从而生成新的知识。

1. 按定义分类

目前，关于知识领域的国内外相关研究文献还未给出一个统一的知识融合的定义，从探究知识科学自身及应用对象的视角来看，可以将知识融合归纳总结为两种。

第一种知识融合的定义主要是以研究 KRAFT 项目的有关文献为代表，通常用于算法和理论的相关研究。这些研究学者指出知识融合的处理过程是通过在网络资源中发现和获取有关知识，并把分散的异构知识转变成统一的知识形式，以达到有效解决某种研究领域问题的目的。

KRAFT 系统结构如图 6-6 所示，该系统一共有 3 个核心模块（Facilitator、Wrapper 和 Mediator）和两个外部对象（Knowledge Resource 和 User Agent）。其中，Facilitator 模块的主要任务是管理系统内部的消息路由，以解决知识的定位问题；Wrapper 模块是一个用来把用户和知识资源进行连接的接口；而 Mediator 模块主要有集成异构的知识源、基于本体的知识等价转换、检查和处理知识的一致性等功能，该模块是知识融合的核心模块。在图 6-3 中，这 3 种模块分别用 F、W 和 M 表示。图中 KR 表示的是知识资源（Knowledge Resource），包含知识库和数据库，UA 表示的是用户（User Agent）。

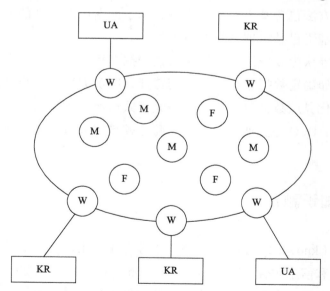

图 6-6 KRAFT 系统结构图

在 KRAFT 系统中，W 首先连接用户或外部的知识资源，然后把用户信息或者知识源信息传送给 F，F 寻找合适的 M 建立路由，提供知识定位服务，以确保用户和其他构件可以在网络上定位相关知识。若路由是从 KR 对应的 W 到 M，M 开始执行知识的转换，把分散的异构的知识来源中包含的知识转换成统一的本体或者用统一的知识描述语言表示。如果已经确定路由的路径上有很多个 M，就会执行知识融合处理。若路由是从 UA 对应的 W 到 M 的，M 会用统一模式的方式把另一端 KR 提供给该用户。从以上过程可以看出，KRAFT 系统可以提供三类服务，分别是知识定位、知识转换和知识融合。

　　第二种定义指出知识融合的本质就是一类服务，这种定义认为知识融合是从分布式的可信知识源中提取相关知识，然后对多种来源的知识进行转换、整合和融合等处理，生成新的知识，同时，还可管理相关的知识资源。这类定义着重强调知识融合得到的结果就是生成新的知识。如图 6-7 所示，与这种定义相对应的融合系统一般包括四个功能模块：问题分析、本体管理、知识融合和知识同步。

图 6-7　知识融合系统

　　（1）问题分析模块。该模块首先接收用户提出的需求，之后分析需要解决的问题，主要是把用户的需求进行分解。在该模块会经常使用到映射目录表和全局本体库本体管理。维护问题分析模块用到了映射目录表，说明各个领域本体之间具有一定的语义交互关联关系。

　　（2）本体管理模块。该模块用来处理各个领域本体间的交互性操作。

　　（3）知识融合模块。该模块是系统的核心部分，可以把知识转换成统一的知识模型。这个模块包含融合规则，依据融合规则及用户提出的需求所对应的本体对象，把分布式的异构的知识融合生成新的知识。

　　（4）知识同步模块。该模块主要进行知识元素的同步与更新操作。这一模块会对用户端的对应的知识元素进行同步更新以确保用户知识对象的一致性。

　2.按研究对象分类

　　不同的学科领域关于知识融合的研究视角都是不一样的，相关研究人员从知识融合研究对象的角度，把知识融合划分为多源和同源知识融合。

1）多源知识融合

多源的意思就是有多个不同的知识源，对于不同客观事物会抽象成不同的知识化，如图 6-8 所示。不同的用户关于不同资源会有不一样的知识模型。多源知识融合是从不同知识源中抽取知识，运用人工智能进行知识融合，生成新的知识并获得价值。由于多源知识融合综合了不同背景的知识，并把生成的新知识加到知识库中，这不仅扩展了知识库的规模，同时也丰富了知识库中的内容。

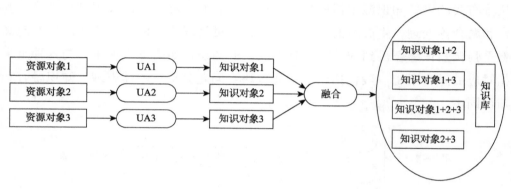

图 6-8　多源知识融合

2）同源知识融合

同源就是说知识来自于同一个知识源，如图 6-9 所示。不同的用户会用不一样的知识表示方法来描述相同的资源对象。同源知识融合是把相同的资源对象生成的不同知识对象进行组合，生成新的知识。同源知识融合是为了生成内容更丰富，具有更强的正确性和可用性的知识。

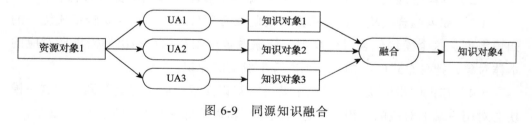

图 6-9　同源知识融合

6.3.4　大数据背景下的知识融合

大数据并不仅仅局限于平台数据（用户的交易数据），还包括了社交网络、用户移动终端的地理位置等数据，如电子商务数据为电商日常经营中产生和积累的相关交易、互动、观测数据，相关数据明显具有大数据的特征。

用户数据的暴增与数据的社会化在很大程度上模糊了电商企业数据的边界，这些由用户创造的海量数据远远超越了目前人力所能处理的范畴。庞大的数据量使得数据过载、冗余、捕获成本快速增长、价值不易获得，这成为电子商务面临的新问题。相关统计显示，当今世界已经进入大数据时代，电子商务中用户数据每年增长约 60%，企业平均捕获其中的 25%~30%，但数据的利用一般不足其 5%，用户数据作为电商核心资源的商业价值远未被挖掘。

在数据挖掘和机器学习领域，知识融合一直都是热门的议题之一。已有的研究思路可以大致归纳为以下两类。

（1）在各个数据源采用局部挖掘获得局部模式，经过全局组合学习融合到一起，形成全局一致的模式。这类方法采用两个阶段，模型相互独立，其优势在于局部挖掘模型可以利用已有的成熟模型，研究者仅需要致力于全局组合学习阶段的模型设计。多分类器的融合及一致性聚类本质上都沿用了两阶段思路。

（2）直接利用多源数据，从模型训练开始就进行融合，然后在统一目标函数下学习获得在单标记或多标记上的概率。多示例学习、多标记学习及两者结合在一起的多示例多标记学习等模型都是属于模型融合的范畴。

由于数据大多来自互联网，博客、微博、论坛、合作知识库等社会媒体的出现很大程度上降低了信息的准入门槛。另外，由于数据的时效性、传播性、信息发布者故意性和导向性，大量过时、错误、虚假、片面的信息充斥着电商平台。因此，如何提高电商平台多源异构数据的语义标注和真值发现准确率还值得进一步研究。

大数据给数据挖掘带来诸多挑战性问题的同时，也给知识融合这一重要问题带来了很多挑战。从模型层面看，样本的海量化使得标记样本与无标记样本之间更加不平衡，极有必要将部分监督学习融入知识融合的学习过程中。能融合更多渠道，且能将多示例多标记及部分监督学习融为一体的泛化框架尚值得进一步探索。此外，巨量无标记样本的参与训练，使得知识融合学习对算法效率要求极高，需要从以往研究仅关注模型精度转变到考虑精度与效率之间的平衡。随着信息技术的不断发展，智慧也需要拥有海量的数据，通过利用专业的机器对大数据进行处理使机器本身也越来越聪明，可为人类提供更加优质的服务。大数据必须要有智能作为支撑，而智能的根本就是要让机器像一个人一样可提供多种多样的服务。将人类与机器相结合，不仅可以获得更多的新知识，也可以获得更多的大智慧。在如今的三维世界中，若是将人拥有的智慧更加高效地引入进来，机器的智能超过人的智能只是时间问题。所以，相关研究需要做的事情就是要让机器可以反作用于人的智慧及知识的分享，也就是融合。知识融合的发展建立在信息融合的基础之上，在最早的时候，人类关于知识融合的研究大多是将它当作知识工程的一个分支，并且和其他有关的内容相结合起来。知识融合的研究内容与信息融合研究内容有重合的部分，所以，在研究知识融合时可通过参考之前的信息融合的研究结果。除此之外，知识组织、多Agent、数据挖掘、语义网和本体技术等领域的飞速发展也在一定的程度上也给知识融合的应用与研究提供了一些理论基础和技术支持。

6.3.5 案例分析

1. 相关背景

个性化推荐实质就是用户需求与商品的匹配。如何精准了解商品特征，把握用户需求特点？大数据为此提供了数据基础。社交网络、电子商务的蓬勃发展，使足够的用户行为和认知信息、商品特征信息可以从网络获取。然而，大数据不等于大知识，怎样从数据中提炼出知识，通过推理、融合，将知识转化成为个性化推荐服务的情报，成为大数据背景下推荐领域的新趋势。

Fisch 认为知识融合根据融合的对象和所在的处理环节可以分为三个层次：数据层知识融合、模型层知识融合和应用层知识融合，如图 6-10 所示。

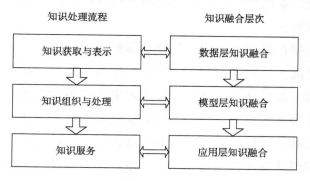

图 6-10　Fisch 三层知识融合模型

（1）数据层知识融合。大数据环境下，要解决复杂的问题，满足用户的知识需求，单一的数据无法解决，必须借助大数据提供的多源复杂的数据。从多源异构的大数据中获取知识并通过一定的模式对其进行表示，则是数据层知识融合所要解决的问题。

（2）模型层知识融合。在数据层知识融合的基础上，知识通过统一的模式进行表达，构建了新的知识模型。基于此模型，通过知识推理、转化等技术生成新知识，即为模型层知识融合。

（3）应用层知识融合。在充分了解用户需求的基础上，将模型层知识融合产生的新知识与用户需求知识进行匹配，获取用户所需知识，完成知识推送，实现知识服务，即为应用层知识融合。

三层知识融合模型体现了知识服务的流程，反映了知识融合的三个层次，层层递进，实现了"数据—知识—服务"的转化。

2. 基于知识融合的个性化推荐模型

推荐系统根据用户、商品、情境三元知识，获取用户在当前情境下最可能购买的商品列表，取 top-n 推送给用户，帮助用户完成购买决策，实现知识服务。其总体框架如图 6-11 所示。

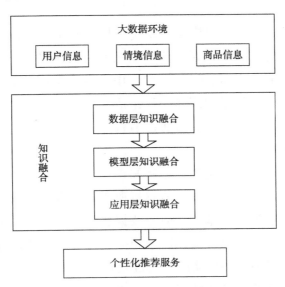

图 6-11　基于知识融合的个性化推荐总框架图

1）数据层知识融合

鉴于本体能够为知识的统一表示提供语义表达及推理手段，数据层知识融合采用本体方法来刻画用户、商品和情境知识，以及它们之间的关系，并基于这些本体建立一个具有明确语义信息、便于知识共享和逻辑推理的商品个性化推荐知识模型，实现数据层知识融合，为模型层知识融合打下基础。数据层知识融合模型如图 6-12 所示。

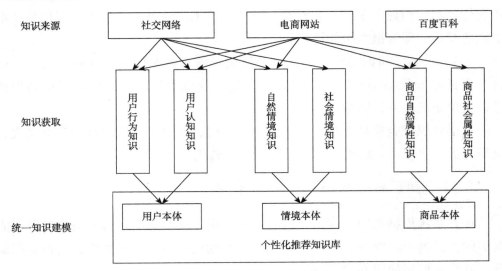

图 6-12　数据层知识融合模型

图 6-13 描述了推荐知识模型的顶层本体关联结构，主要描述推荐中所包含要素的概念及概念之间的关系。该模型主要由实体概念下的商品、用户、情境和这三个子概念间的关系构成。其中，用户模型反映了用户的行为和认知，主要由用户偏好、消费记录和商品评论组成；情境和商品之间的关系通过用户偏好体现；商品和用户之间的关系通过消费记录和商品评论体现。

2）模型层知识融合

模型层知识融合的本质是为生成新知识。个性化推荐现存的主要问题是对用户偏好的挖掘不够精准，或者不能够析取用户的真正需求，大数据环境为精准定位用户真实需求提供了基础。通过数据层知识融合可以构建统一的推荐知识模型，从商品和用户两个维度，通过相似度计算、本体推理等技术生成新的用户偏好列表，实现用户—商品间的精准定位。

从融和消费价值的商品特征模型构建方面来看，商品的消费价值决定了用户是否购买该商品，是商品自然属性和社会属性的综合。Sheth-Newman-Gross 消费价值是 20 世纪 90 年代开发的用来解释消费者在面临购物决策时，选择 A 而非 B 的原因，主要是基于商品的消费价值，认为商品一般具有五种核心的

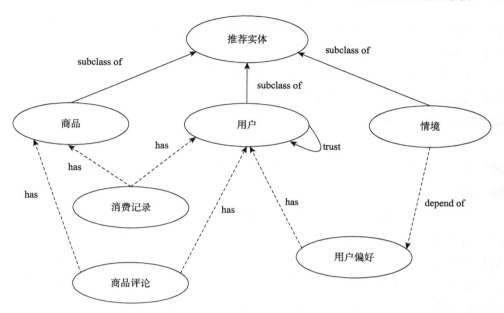

图 6-13　个性化推荐本体顶层关联图

消费价值，分别为功能价值、社会价值、条件价值、认知价值和情感价值，如图 6-14 所示。

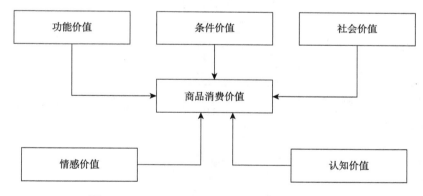

图 6-14　Sheth-Newman-Gross 消费价值模型

（1）功能价值。功能价值指产品或服务具备功能上的属性，能实现消费者使用功能上的满足，强调商品或服务本身所具有的功能或实体价值。功能价值是商品自然属性的体现。

（2）社会价值。当消费某产品能与某社会群体建立连接，从而提供其社会地位象征效用时，则该商品具有社会价值，社会价值往往与品牌相关联。由于存在社会价值的影响，消费者对商品的选择可能不是理性地依据其功能价值，而是为了社会地位的提升，或社会形象的塑造，或满足自我的需求，而选择社会价值更高的商品。

（3）条件价值。某些特定商品在某些特定情境下，能暂时提供较大的功能价值或社会价值，是消费者特殊情况下的选择。条件价值一般是短暂而非长期的，随着情境的改变，条件价值也会发生变化。

（4）认知价值。某些对消费者来说具有新鲜感的商品，可以满足消费者对好奇心和新知的探索，使消费者获得新的认知，那么就可以说该商品具有认知价值。

（5）情感价值。商品能激发消费者喜爱的感受或实现消费者情感的抒发，消费者对某一商品的选择说明该商品实现了消费者这些情感体验，即该商品具有情感价值。

这五种价值反映了商品的属性特征，间接影响了用户对商品的价值感知，从而影响其购买决策。融入商品消费价值，能从用户角度去感知商品特征，从营销层面去挖掘商品信息，有助于提升推荐质量。基于此，构建商品特征模型如图 6-15 所示。

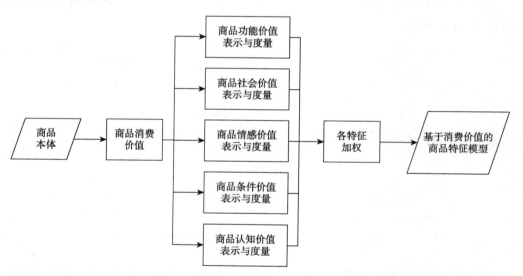

图 6-15　融合消费价值的商品特征模型构建

根据用户、商品、情境之间的关联关系，构建基于语义-信任-情境融合（semantic-trust-context fusion，STCF）的用户偏好模型，如图 6-16 所示。

3）应用层知识融合

应用层知识融合也叫方法层知识融合，推荐方法的设计是个性化推荐的核

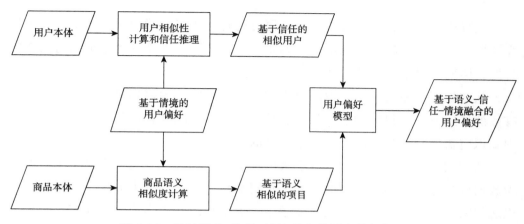

图 6-16　基于语义–信任–情境融合的用户偏好模型

心部分，推荐的实现主要依赖于用户偏好和商品对象之间的匹配。个性化推荐的应用层知识融合部分应综合考虑协同过滤推荐和基于知识推荐，利用 DS 证据理论实现方法层的融合，其模型如图 6-17 所示。

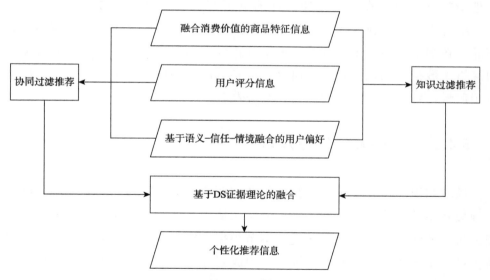

图 6-17　基于 DS 证据理论的应用层融合

6.4　面向网络大数据的知识融合实例

面向网络大数据的知识融合方法的研究具有非常重要的意义。

从理论角度看，知识融合是自然语言处理、人工智能领域所面临的重要研究课题之一，知识融合研究所取得的每一个进步都有助于计算机加深对人类的智能、语言、思维等问题的理解。

从知识工程角度看，知识融合为构造适应网络大数据环境下的知识库提供有效的扩展方法，保障知识库的开放性，通过知识融合方法的研究解决知识库中知识覆盖面窄、知识库难以动态扩展的难题。

从应用上看，知识融合具有巨大的社会价值和经济效益，它是将来自网络大数据碎片化数据中的知识关联起来进行重构，基于网络大数据背后隐藏的知识之间的关系来建立知识库的重要手段，而知识库在很多应用中起着至关重要的作用。例如，在检索方面，借助知识库进行检索具有多方面优势，它可以使检索结果更加精准，不仅如此，借助知识库进行检索还可以智能分析用户的意图并进行推理与计算，直接给出用户想要的结果，除此之外，借助知识库可以提供更加全面的检索结果，通过知识库构建完整的知识体系，用户可以更加全面地掌握知识点；在当前快速发展的电子商务领域中，借助构建的商品知识库，融合用户的兴趣特点和行为，可以准确地向用户推荐用户感兴趣的信息和商品；在知识问答、知识推理、情报分析等方面也有重要应用。由此可见，面向网络大数据的知识融合方法研究不但具有深远的理论价值，而且有着广泛的应用前景，可以创造巨大的社会和经济效益。

6.4.1 苏宁 O2O 领域知识

领域知识的概念源于人工智能领域方面的研究。1999 年 Maja 等就已经提出领域知识的明确定义，即在某一特定领域内的概念、概念之间的相互关系及相关概念的约束的集合。基于此，本节根据苏宁云商 O2O 运营模式的构成分析，将苏宁云商 O2O 的知识按照其构成划分为线上苏宁易购平台、线下实体门店、仓储及物流三个主要领域知识和苏宁云商特有的领域知识——云店领域知识。其中，每一个领域知识中都存在着相应的多个子领域知识，并且各领域知识之间的知识交互流动过程恰好形成知识流动的链路，各领域之间通过知识流动的链路形成相互的关联关系，从而最终形成一个苏宁云商 O2O 领域知识网络，为苏宁云商 O2O 的知识传递与学习奠定基础。表 6-4 列出了苏宁云商 O2O 领域知识分类情况。

表 6-4　苏宁云商 O2O 领域知识分类表

苏宁 O2O 领域知识	子领域知识	知识实例
线上平台领域知识	苏宁易购平台	平台构建技术、作业订单操作流程、站内分流、站外引流、店铺视觉知识、数据分析知识等
	线上销售知识	销售模式、流量引入、转化率、视觉营销等
	线上商品知识	商品知识、商品发布知识、商品描述知识、打造爆款方法、商品卖点策划等
	员工管理知识	人才储备、客服培训、客服挑选等
	线上运营知识等	海报设计、活动策划、数据分析法、经营分析法
线下店面领域知识	门店知识	品牌陈列、品牌价值、门店基础建设、售后服务等
	线下销售知识	促销手段、促销引流、关联营销、视觉营销等
	线下商品知识	商品管理知识、价格管理知识、货品分析知识等
	员工管理知识	人才储备、团队管理知识、企业文化建设等
	财务知识	财务管理知识、薪资管理知识、投资管理知识等
	客户管理知识	体验知识、顾客行为研究、会员精准营销知识等
	市场知识等	市场定位知识、市场前景分析知识等
仓储物流领域知识	供应链知识	采购平台知识、自动补货知识、供应商合作关系等
	物流知识	配送能力、物流时效服务、自营物流管理知识等
	仓储知识等	仓库管理知识（LES 执行系统）、仓库位置选定等
苏宁特有领域知识	云店知识	云店的设计知识、调整店面结构知识、业态组合知识、提高评效知识等

6.4.2　苏宁云商 O2O 知识流动模式

苏宁云商在其 O2O 运作过程中，各个流程之间分别通过网上下单、调拨运输、商品评价等形式进行着信息的交互作用，而这些过程，都需要映射在苏宁云商 O2O 知识库中的各个知识模块之中进行存储及调用，每个知识模块中存储的相关知识主体之间随着上层信息交互的过程进行着对应知识点的交互及使用，而每产生一次知识之间的交互过程，就说明两两知识节点之间存在着相应的关联关系。在苏宁云商 O2O 发展运营过程中，产生或获取到的相关知识通过内化学习及转化可以成为企业的竞争优势，但这种优势会随着其他竞争企业知识拥有数量的增加而快速衰减。知识网络在知识资源管理中的应用，能最大化地实现知识共享，是有效开发和利用知识资源、进行知识创新的一种重要途径，也是实现知识服务、促进知识经济和社会发展的主要方式之一。

因此，对苏宁云商构建良好的知识网络能够为企业在生产等活动中产生的知识实现高效的知识传递、学习与创新，从而提高苏宁云商的企业竞争力。苏宁云商 O2O 的各个构成部分均含具有共性且有各自特点的相关知识，因此依据苏宁云商 O2O 知识的多样性以及散乱分布的特点，本节引入苏宁云商多个领域知识相结合的方法，对苏宁云商 O2O 运营模式内部的知识先进行领域划分，再对其知识网络进行构建，以达到知识的搜索、传递及利用效率的提高。苏宁云商 O2O 知识流动模式如图 6-18 所示。

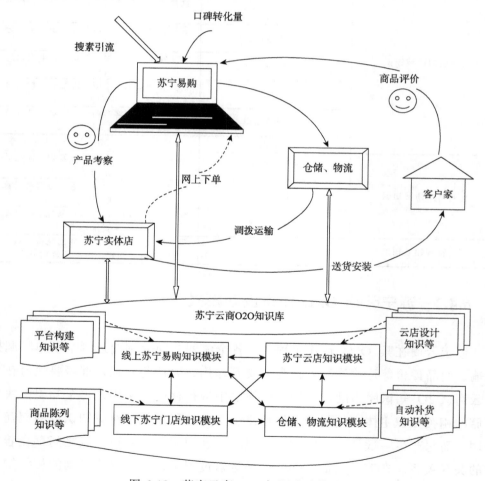

图 6-18 苏宁云商 O2O 知识流动模式图

第 7 章　大数据的应用管理

近两年来，国内外知名电商企业（如美团、大众点评）相继推出相应的大数据产品和平台，开展了多种深度的商务分析和应用。例如，通过分析结构化和非结构化数据促进其业务创新和利润增长；基于机器学习和数据挖掘方法来管理和优化其库存与供应链，量化评估其定价策略与营销效果；通过市场分析、竞争分析、客户分析和产品分析以优化经营决策等。此外，业界和学界共同组织了一系列以大数据为核心的主题峰会，共同探索大数据的发展与创新。

与此同时，从管理学的角度应用大数据技术以支持商业分析和决策已经成为商学院教育的热点方向，这个趋势已经在欧美商学院中相继展开。以数据驱动为主导的金融、市场、战略、营销和运作管理研究和实践指导，将成为未来商学院重点发展的核心领域。

7.1　大数据在互联网领域的应用——推荐系统

互联网的飞速发展使我们进入了信息过载的时代，搜索引擎可以帮助我们查找内容，但只能解决明确的需求。为了让用户从海量信息中高效地获取自己所需的信息，推荐系统（recommender system）应运而生。推荐系统就是根据用户个人的喜好及习惯来向其推荐信息或商品的程序。推荐系统是大数据在互联网领域的典型应用，它可以通过分析用户的历史记录来了解用户的喜好，从而主动为用户推荐其感兴趣的信息，满足用户的个性化推荐需求。推荐系统是自动联系用户和物品的一种工具，和搜索引擎相比，推荐系统通过研究用户的兴趣偏好，进行个性化计算。推荐系统可发现用户的兴趣点，帮助用户从海量信息中去发掘自己的潜在需求。推荐系统可以创造全新的商业和经济模式，帮助实现长尾商品的销售。

"长尾"概念于 2004 年提出，用来描述以亚马逊为代表的电子商务网站的商业和经济模式。电子商务网站销售种类繁多，虽然绝大多数商品都不热门，但这些不热门的商品总数量极其庞大，所累计的总销售额十分可观，也许会超过热门商品所带来的销售额。因此，可以通过发掘长尾商品并推荐给感兴趣的用户来提高销售额，这需要通过个性化推荐来实现。

目前推荐系统已广泛应用于电子商务、在线视频、在线音乐、社交网络等各类网站和应用中。我们以电子商务推荐系统为例进行分析，其系统工作流程如图 7-1 所示。

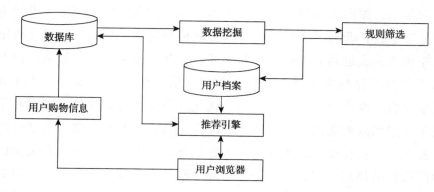

图 7-1　电子商务推荐系统工作流程

电子商务推荐系统采用的方法主要有以下几种。

1）对数据的简单检索（raw retrieval）

这种系统的"推荐"实际上只是一种对用户请求简单的查询。例如，当某个用户询问一个音乐站点关于"披头士"乐队的专辑时，这个站点就会简单地进行数据库查询，把凡是商品库中与"披头士"有关的都推荐给用户。

2）站点的分析人员和专家等进行的人工选择推荐（manually selected）

这种推荐是基于站点人员他们自己主观的喜好、看法等建立起一个针对用户的推荐商品列表，通常表现为对商品文字上的评价。因为这种推荐方法简单，所以类似站点大量存在。

3）基于统计分析（statistical summaries）

这其实也是一种非个性化的推荐，但是因为容易进行统计分析计算，所以被比较广泛地运用，eBay 的客户反馈就是这样的系统。

4）基于属性的推荐（attribute-based）

这种推荐考虑用户对物品某些特征属性的兴趣，强调用户对商品特征属性的要求。系统寻找拥有满足用户兴趣所要求的属性的商品推荐给用户。例如，某些网购用户只偏爱某一特定商家的物品，在该用户购买了该商家的某些物品时，系统可以将该商家的其他物品也推荐给该用户。

5）基于物品和物品关系的推荐（item-to-item correlation）

这种推荐主要是建立物品和物品之间的关联相似规则模式，这种规则通常是以物品之间的共被买（co-purchase）关系而定的，即考察物品 A 被购买了物品 B 也会被购买的关系。在这样的推荐系统中，一般针对当前用户当前购买的物品，利用物品之间的关联规则寻找"匹配"的物品推荐给用户。

6）基于用户和用户关系的推荐（user-to-user correlation）

这种推荐主要考虑的是当前推荐用户与在此站点上访问过或者购买过物品的其他用户的关系，并以此关系作为推荐的依据，通常也可以把这种推荐技术叫协同过滤。这种方法的原理非常简单，一般认为与某个访问者属于同一类或同一群体的用户喜爱的，那么这个访问者也同样会喜爱。

该项技术目前较为常用，最早是由 David Goldberg 在 1992 年提出的，是目前个性化推荐系统中应用最为成功和广泛的技术。国外著名的商业网站亚马逊，国内比较著名的豆瓣网、虾米网等网站，都采用了协同过滤的方法。其本质是基于关联分析的技术，即利用用户所在群体的共同喜好来向用户进行推荐。协同过滤利用了用户的历史行为（偏好、习惯等）将用户聚类成簇，它的推荐方法主要包括两个步骤：①根据用户行为数据找到和目标用户兴趣相似的用户集合（用户所在的群体或簇）；②找到这个集合中用户喜欢的且目标用户没有购买过的物品推荐给目标用户。

在实际使用中，协同过滤技术面临两大制约：一是数据稀疏问题，二是冷启动问题。协同过滤需要利用用户和用户之间的关联性进行推荐。最流行的基于内存的协同过滤方法是基于邻居关系的方法。该方法首先找出与指定用户评价历史相近的邻居，根据这些邻居的行为来预测结果或者找出与查询物品类似的物品。这样做的前提假设是，如果两个用户在一组物品上有相似的评价，那么他们对其他的物品也会有相似的评价，协同过滤算法的关键是找寻用户的最近邻居。当矩阵稀疏时，用户购买过的物品很难重叠，协同过滤的效果就不好。改进办法之一是，除了直接邻居外，间接邻居的行为也可以对当前用户的决策行为构成影响。另外一些解决稀疏问题的方法是可以添加一些缺省值，人为地将数据变得稠密一些，或者采用迭代补全的方法，先补充部分数值，在此基础上再进一步补充其他数值。但这些方法只能在某种程度上部分解决数据稀疏的问题，并不能完全克服。在真实应用中，由于数据规模很大，数据稀疏的问题更加突出。数据稀疏性使协同过滤方法的有效性受到限制。甄别出与数据稀疏程度相匹配的算法，以便能够根据具体应用情况做出正确选择，是非常有价值的研究课题。

大数据环境下的推荐系统是传统推荐系统的延伸，由于大数据环境比传统环境面临更加复杂的信息提供环境和数据特征，只有在充分、准确地提取和预测用户在大数据环境中蕴含的用户偏好后，才能有效生成准确度更高的推荐。因此，尽管大数据环境下推荐系统的基本思想与传统推荐系统相似，但着重考虑大数据环境给推荐系统带来的影响。例如，数据产生的速度更快，数据高维稀疏，内容采样渠道更多，多源数据在融合时由于结构和采集方式的不同会引入更高的噪声和冗余，数据结构比例发生变化，非结构数据、半结构数据成为主要数据，流式数据也成为常见数据类型。数据内容变得丰富时推荐系统可以采集到丰富的用户隐式反馈数据。移动网络的快速发展，促使移动应用变得丰富多彩，用户使用移动设备或登录移动应用产生丰富的移动社会化网络数据，尤其是基于位置的 GPS 数据成为重要的数据。以数据处理为主的诸多大数据问题使推荐系统对数据处理能力的要求更高，同时丰富的数据使得用户对推荐系统的实时性和准确性要求更高，从而使适合传统推荐系统的方法并不能直接应用到大数据环境下的移动推荐中，需要进行算法的改进和扩展，才能较好地满足大数据环境下推荐系统的需求。

大数据环境下的推荐系统与传统推荐系统的主要差异如表 7-1 所示。

表 7-1 商务大数据环境下的推荐系统与传统推荐系统的主要差异

项目	大数据环境下的推荐系统	传统推荐系统
输入数据	数据规模更大，数据稀疏性、冗余度、噪声更强	数据规模小，数据稀疏性、冗余度、噪声较小
数据类型	以隐式反馈数据为主	以显式评分数据为主
数据更新	数据更新快，以增量更新为主	一段时间更新一次，以全局精确计算更新
推荐结果	推荐结果准确性要求更高	准确性要求较低
推荐实时性	推荐实时性需求高	实时性要求较低

商务大数据环境下推荐系统框架可以划分为 4 层，分别为源数据采集层、数据预处理层、推荐生成层和效用评价层。其中，在数据预处理层把采集到的相关数据进行预处理计算，其数据处理结果作为推荐系统的输入，该层的主要工作为用户偏好获取、社会化网络构建、上下文用户偏好获取等；推荐生成层是推荐系统的核心，在大数据环境下，该层主要任务就是引入和充分处理大数据，并且生

成实时性强、精准度高以及用户满意的推荐结果，目前主要的推荐技术有大数据环境下基于矩阵分解的推荐系统、基于隐式反馈的推荐系统、基于社会化推荐系统及组推荐系统；在效用评价层，在将推荐结果呈现给用户时，需要结合用户的反馈数据，利用准确性、实时性、新颖性、多样性等评价指标评价推荐系统的性能，并根据需求对其进行扩展、改进等。具体如图 7-2 所示。

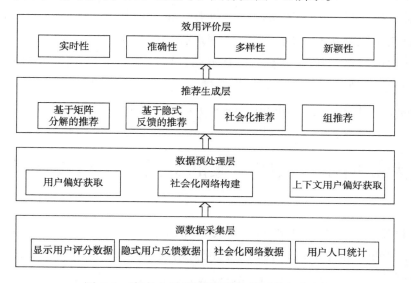

图 7-2　商务大数据环境下推荐系统框架图

一个完整的推荐系统通常包括数据建模、用户建模、推荐引擎和用户接口四个部分，如图 7-3 所示。

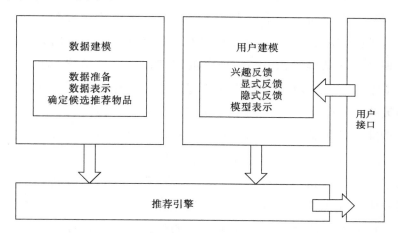

图 7-3　商务大数据环境下推荐系统架构图

数据建模模块负责对拟推荐的物品数据进行准备，将其表示成有利于分析的数据形式，确定要推荐给用户的候选物品，并对物品进行分类、聚类等预处理。用户建模模块负责对用户的行为信息进行分析，从而获得用户的潜在喜好。用户的行为信息包括问答、评分、购买、下载、浏览、收藏、停留时间等。推荐引擎利用后台的推荐算法，实时地从候选物品集合中筛选出用户感兴趣的物品，排序后以列表形式向用户推荐。推荐引擎是推荐系统的核心部分，也是最消耗系统资源和时间的部分。用户接口模块承担展示推荐结果、收集用户反馈等功能。用户接口除了应具有布局合理、界面美观、使用方便等基本要求外，还应有助于用户主动提供反馈。主要有两种类型的接口：Web 端（Web-based）和移动端（Mobile-based）。

7.2 大数据在互联网领域的应用——精准营销

20 世纪 90 年代，美国的莱斯特·伟门第一次提出了精准营销的概念。2004 年，Zabin 和 Brebach 提出了精准营销的 4R 法则，即正确的顾客（right customer）、正确的信息（right message）、正确的渠道（right channel）及正确的时间（right time），通过把正确的信息在正确的时间通过正确的渠道顺利传递到正确的客户手中，借此真正实现对目标客户的购买决策形成有力影响，并促成营销目标的顺利达成。

《精准营销方法研究》中提出精准营销的方法应该分为三大类，分别是基于数据库营销的方法、基于 Internet 的方法和借助其他渠道的方法。曾有人用精细化管理来形容精准营销，指出所谓的精细化管理是相较于粗放式管理而言的。实施精细化管理，就意味着要开展客户细分，针对不同类型的客户实施不同的营销策略，充分了解客户的个性化需求，为客户提供所需的服务，实现营销目标。精准营销体系应该以网络和信息技术手段为核心，未来也许会替代传统的营销模式，并逐步发展成为现代企业管理营销发展的新态势。

中国三大电信运营商经过多年的经营，累积了大量的数据。目前，大数据在电信行业中的应用主要体现在网络管理和优化、市场与精准营销和企业运营管理。电信行业发展应用大数据技术面临的最大障碍不是技术能不能实现的问题，而是数据孤岛无法充分共享的问题。所以，对于电信运营商来说，要真正地利用大数据并使其更好地服务于运营商，数据的统一和整合是第一步，也是最为重要的一步。

精准营销，重点在于"精准"二字，它要求一切以消费者的利益为中心，运用一切合理高效的方法和手段在合适的时间、地点，以合适的渠道、价格，为消费者提供供需匹配的商品和服务，实现企业所追求的营销目标。往年的电子商务应用人群调查结果显示，借助电子商务进行交易的人群主要分为三类。

（1）以价格为基准，重点追求性价比的人群。这类人多数来说对所购买物品的价格较为敏感，因此，在进行购物时，多会注重"跳楼价""打破底价"等关键词。

（2）以高品质、潮流性为标准，网购主要是为了淘一些在本地实体店购买不到的新潮产品。要想吸引这类人的目光，则需对网站进行创新性设计，引进时尚潮流新品，或找当红明星进行代言。

（3）力求方便快捷的人群。这类人一般工作比较繁忙，闲暇时间较少，而文化素养又高，对他们来说，网购能够节约他们的时间，使他们能够快速便捷地获得他们想要的东西。借助数据的分析，商家能够有效地针对自己所售卖的产品类型，分析其主要受众群体，从而制定出产品的营销策略，提高产品销售率。

精准营销的核心思想是高准确、低成本、可评估。

首先，以往的大众营销只能够做到定性，而精准营销能够实现定性与定量相结合，从而能够实现精确的、可量化的市场划分和市场定位。

其次，精准营销依靠日新月异的高科技手段来实现个性化沟通的长效机制，突破了传统营销依赖体制机制和销售资源浪费的局限，降低了生产销售成本，并且能够持续不断地得到消费者的需求反馈，实现消费者链式反应增值，从而保有数目较为稳定的消费者群体。

最后，精准营销通过减少高额的广告费用和实现实体的消费成果，使营销活动的结果可衡量、可调控，从而促进企业和商家长期稳定发展。

在电子商务的精准营销中，首先利用大数据对客户进行"画像"，通过在网上的交易记录和购买情况，可以对客户情况有一个大概的了解，可以算是"素描画"。然后结合之前多次的交易情况，对客户信息进行进一步的补充和完善，形成关系网或关系链，这样客户的"画像"更加全面和形象，客户的消费行为和消费喜好也有一定的预测和判断。第三步就是制定销售策略，将客户分为不同的类型，通过邮件或短信，将个性化的信息推荐给客户。最后就是评估大数据在精准营销中的效果和作用，通过实施精准营销前后销售额的变化对比，来进行验证和证实。

大数据环境下的精准营销应用结构主要包括以下内容。

1）数据的采集和存储

大数据是电商平台的用户历史数据，在精准营销过程中，历史大数据的采集是最为重要的一环，采集并存储好大数据将决定精准营销的基础分析能否开展。在采集数据过程中需要全面的原始数据，包括全面的数据信息，如事件发生的时间、地点、原因、内容、长度和环境条件等，通过全面的数据信息可以表现出数据的内部逻辑。传统的"数据库"数据存储方法，只是单纯地使用数据表和数据逻辑关系对数据进行存储，而基于大数据的数据存储方法则能够更为广泛地定义关联度、字段规则、异常处理和更新机制等内容。历史大数据的全方位采集，将更加有利于精准营销的挖掘，并使得挖掘的过程更有意义、挖掘的结果更有价值。

2）数据挖掘和分析

在数据采集和存储完成以后，从数据中挖掘出商家与消费者的个人兴趣爱好，并通过兴趣爱好制定出精准营销策略。精准营销用户行为分析的挖掘和分析难度较大，需要选择合理、合适的算法进行分析。另外，对于分析结果也需要考虑理解性、操作性和应用性，良好的分析结果有助于算法结果的展示和面对应用的可信度，大多数的数据挖掘结果应该与精准营销的实际情况相联系，脱离了实际精准营销的数据挖掘和分析没有任何意义。

3）数据展现和应用

数据挖掘完成的结果需要面向实际的精准营销策略，所以业务逻辑人员需要将挖掘结果以大数据的观点展现给需要精准营销的商家和消费者。在数据展现和应用上，需要业务逻辑人员有深厚的数据挖掘和分析的能力，在精准营销模式和策略的展示中能够给出有效的展现与应用。

在大数据背景下的智能精准营销中，经过挖掘客户数据，可以了解客户的消费倾向、消费习惯和消费等级。基于大数据挖掘的结果，可以在更精准的数据结果上进行分析和决策，精准营销模式就是建立在此基础之上。精准营销模式是大数据背景下的新型营销模式，该模式由精准数据收集、精准数据分析、精准数据决策和精准营销推送组成，能够提升营销精确性和效率，给传统营销方式带来改变。

7.3　大数据在物流配送领域的应用

物流行业是促进国民经济发展的重要行业，并在电商时代显现出格外重要的地位。在大数据的时代，物流业每天也会涌现出大量的数据，特别是全程物流，包括运输、仓储、搬运、配送、包装等环节，每个环节环环相扣形成一个完整的信息流。如果物流企业不能对这些数据进行及时、准确的处理，那么带给物流企业的将是数据灾难和资源浪费。近年来，国内外一大批专家学者致力于大数据在物流业的应用问题研究，这对于企业灵活适应多变的市场环境、应对激烈的市场竞争具有重大意义，也必将对物流业的战略决策、运营管理、品牌管理、客户关系管理、服务创新等方面产生重大影响。同时也有助于企业物流资源的优化配置，加速物流产业的升级转型，适应信息化时代的要求。

面对海量数据，物流企业在不断加大大数据方面投入的同时，不应该仅仅把大数据看作是一种数据挖掘、数据分析的信息技术，而且要把大数据看作是一项战略资源。物流企业充分利用大数据技术发展的优势主要有以下几点。

（1）信息对接，掌握企业运作信息。在信息化时代，网购呈现出一种不断增长的趋势，规模已经达到了空前巨大的地步，这给网购之后的物流带来了沉重的负担，对每一个节点的信息需求也越来越多。每一个环节产生的数据都非常庞大，过去传统的数据收集、分析处理方式已经不能满足物流企业对每一个节点的信息需求，这就需要通过大数据把信息对接起来，将每个节点的数据收集并且整合，通过数据中心分析、处理，转化为有价值的信息，从而掌握物流企业的整体运作情况。

（2）提供依据，帮助物流企业做出正确的决策。传统的根据市场调研和个人经验来进行决策已经不能适应这个数据化的时代，只有真实的、海量的数据才能真正反映市场的需求变化。通过对市场数据的收集、分析处理，物流企业可以了解到具体的业务运作情况，能够清楚地判断出哪些业务带来的利润率高、增长速度较快等，把主要精力放在真正能够给企业带来高额利润的业务上，避免无端的浪费。同时，通过对数据的实时掌控，物流企业还可以随时对业务进行调整，确保每个业务都可以带来盈利，从而实现高效的运营。

（3）培养客户黏性，避免客户流失。网购人群的急剧膨胀，使得客户越来越重视物流服务的体验，希望物流企业能够提供最好的服务，甚至希望掌控物流过程中商品配送的所有信息。这就需要物流企业以数据中心为支撑，通过对数据挖掘和分析，合理地运用这些分析成果，进一步巩固和客户之间的关系，增加客户的信赖，培养客户的黏性，避免客户流失。

（4）数据"加工"从而实现数据"增值"。在物流企业运营的每个环节中，只有一小部分结构化数据是可以直接分析利用的，绝大部分非结构化数据必须要转化为结构化数据才能储存分析。也就是说，并不是所有的数据都是准确有效的，很大一部分数据都延迟无效，甚至是错误的。物流企业的数据中心必须要对这些数据进行"加工"，从而筛选出有价值的信息，实现数据的"增值"。

物流企业正一步一步地进入数据化发展的阶段，物流企业间的竞争逐渐演变成数据间的竞争。大数据让物流企业能够有的放矢，甚至可以做到为每一个客户量身定制符合他们自身需求的服务，从而颠覆整个物流业的运作模式。

目前，大数据在物流企业中的应用主要包括以下几个方面。

（1）市场预测。商品进入市场后，并不会一直保持最高的销量，而是随着时间的推移和消费者行为及需求的变化不断变化。在过去，我们习惯于通过调查问卷和以往经验来寻找客户的来源。而当调查结果总结出来时，结果往往已经过时，延迟、错误的调查结果只会让管理者对市场需求做出错误的估计。而大数据能够帮助企业完全勾勒出其客户的行为和需求信息，通过真实而有效的数据反映市场的需求变化，从而对产品进入市场后的各个阶段做出预测，进而合理地控制物流企业的库存和安排运输方案。

（2）物流中心的选址。物流中心选址问题要求物流企业在充分考虑到自身的经营特点、商品特点和交通状况等因素的基础上，使配送成本和固定成本等之和达到最小。针对这一问题，可以利用大数据中的分类树（classification tree）方法来解决。分类树又称决策树（decision tree），是一个类似流程图的树形结构。它由两种元素组成：节点和分支。节点又分为内节点和叶节点。在最终生成的决策树中，每一个内节点代表数据集的一个属性，每一个叶节点代表数据集中对象的一种类别（即对象所属的类标号属性值）。决策树是一个预测模型，它代表的是对象属性与对象值之间的一种映射关系。利用分类树模型可以综合考虑以上各个选址因素，找到最小的配送成本和固定成本之和。

（3）优化配送线路。配送线路的优化是一个典型的非线性规划问题，它一直影响着物流企业的配送效率和配送成本。物流企业运用大数据来分析商品的特性和规格、客户的不同需求（时间和金钱）等问题，从而用最快的速度对这些影响配送计划的因素做出反映（如选择哪种运输方案、哪种运输线路等），制定最合理的配送线路。而且企业还可以通过配送过程中实时产生的数据，快速地分析出配送路线的交通状况，对事故多发路段做出提前预警。精确分析整个配送过程的信息，使物流的配送管理智能化，提高了物流企业的信息化水平和可预见性。

（4）仓库储位优化。合理地安排商品储存位置对于仓库利用率和搬运分拣的效率有着极为重要的意义。对于商品数量多、出货频率快的物流中心，储位优化就意味着工作效率和效益。有些货物放在一起可以提高分拣率，有些货物储存的时间较短。可以通过大数据的关联模式法分析出商品数据间的相互关系来合理地安排仓库位置。

在运用大数据的时候也需要注意一些事项。例如，要建立统一、集成的数据仓库，保证各部门（如财务部门、运营部门、人力资源部门等）看到的是相同的数据，确保各部门使用的数据都是来自唯一的、单独的数据源，这样可以大幅度提升数据质量，实现整个企业标准化的成本管控，从而提升企业的盈利水平。

参 考 文 献

曹蓓. 2013. 基于本体的文胸产品知识模型构建研究. 西安工程大学硕士学位论文.

程学旗, 靳小龙. 2014. 大数据系统和分析技术综述. 软件学报, (4): 387-399.

方平. 2013. 基于 Petri 网的知识表示方法研究. 武汉理工大学硕士学位论文.

吉根林, 赵斌. 2015. 时空轨迹大数据模式挖掘研究进展. 数据采集与处理, 30 (1):
47-58.

李方超. 2012. 基于 NoSQL 的数据最终一致性策略研究. 哈尔滨工程大学硕士学位论文.

李学龙, 龚海刚. 2015. 大数据系统综述. 中国科学: 信息科学, 50 (1): 146-169.

刘群, 李素建. 2012-04-12. 基于《知网》的词汇语义相似度的计算. http://wenku.baidu.com/
view/b213af9951e79b8968022660.html.

潘宏志. 2014. 高性能 NoSQL 存储系统的研究与实现. 吉林大学硕士学位论文.

邱书洋. 2015. Redis 缓存技术研究及应用. 郑州大学硕士学位论文.

阮光册. 2014. 基于 LDA 的网络评论主题发现研究. 情报杂志, 33 (3): 161-164.

孙黎博. 2017. 大数据对 O2O 电子商务的应用意义研究. 时代金融, (2): 38-45.

汤玥. 2016. 大数据环境下异构知识融合方法研究. 陕西师范大学硕士学位论文.

王桂玲, 李玉顺, 姜进磊, 等. 2005. 一种服务网格动态信息聚合模型及其应用. 计算机学
报, 28 (4): 541-548.

王莎莎. 2015. 我国 O2O 电子商务模式发展研究. 山东师范大学硕士学位论文.

王旭阳. 2005. 知识表示与获取的理论与应用研究. 兰州理工大学硕士学位论文.

吴昊. 2005. 基于本体论的知识推理查询系统的研究. 江苏大学硕士学位论文.

徐轶. 2011. 基于 Web2.0 的知识建模系统的设计与开发. 宁波大学硕士学位论文.

严正. 2004. Ontology 在知识管理中的应用研究. 复旦大学硕士学位论文.

由扬. 2017. 苏宁云商 O2O 领域知识网络构建及结构优化. 哈尔滨理工大学硕士学位论文.

曾泉匀. 2014. 基于 Redis 的分布式消息服务的设计与实现. 北京邮电大学硕士学位论文.

赵婧. 2017. 电商时代 O2O 模式的分析与展望. 对外经济贸易大学硕士学位论文.

Aditya T, Sharma C. 2007. Information integration across heterogeneous domains: current scenario, challenges and the InfoMosaic approach. University of Texas at Arlington Technical Report.

Arens Y, Chee C, Hsu C, et al. 1993. Retrieving and integrating data from multiple information sources. International Journal on Intelligent and Cooperative Information Systems, 2（2）: 127-158.

Asay M. 2015. NoSQL is still the cool kid in class. Pro Quest Journal, 30（1）, 138-157.

Athalye A, Savic V, Bolic M, et al. 2011. A radio frequency identification system for accurate indoor localization. IEEE International Conference on Acoustics, 45（1）: 1777-1780.

Avidan S. 2007. Ensemble tracking. IEEE Transactions on Pattern Analysis and Machine Intelligence, 29（2）: 261-271.

Blei D M, Ng A Y, Jordan M I. 2003. Latent dirichlet allocation. Journal of Machine Learning Research, 3: 993-1022.

Chawathe S, Garcia-Molina H, Hammer J, et al. 1994. The TSIMMIS project: integration of heterogeneous information sources. Tenth Meeting of the Information Processing Society of Japan: 7-18.

Decker S, Erdmann M, Fensel D, et al. 1999. Ontobroker: ontology based access to dis-tributed and semi-structured information. Ifip Tcz/wg 26 Eighth Working Conference on Database Semantics-semantic Issues in Multimedia Systems, 11: 351-369.

Denoeux T, Yaghlane A. 2002. Approximating the combination of belief functions using the fast moebius transform in a coarsened frame. International Journal of Approximate Reasoning, 31（1）: 77-101.

Destercke S, Dubois D, Chojnacki E. 2009. Possibilistic information fusion using maximal coherent subsets. IEEE Transactions on Fuzzy Systems, 17（1）: 79-92.

Diligenti M, Coetzee F, Lawrence S. et al. 2000. Focused crawling using context graphs. International Conference on Very Large Databases: 527-534.

Fahmi I. 2006. Jena-A Semantic Web Framework for Java. http://jena.sourceforge.net/.

Faradani S, Hartmann B, Ipeirotis P G. 2011. What's the right price? pricing tasks for finishing on time. In AAAI Workshop.

Gao Y, Parameswaran A G. 2014. Finish them!: pricing algorithms for human computation.

VLDB Endowment，7（14）：1965-1976.

Gray P，Preece A，Fiddian N，et al. 1997. KRAFT：knowledge fusion from distributed databases and knowledge bases. In DEXA Workshop：682-691.

Hofmann T. 1999. Learning the similarity of documents：an information-geometric approach to document retrieval and categorization. Advances in Neural Information Processing Systems：914-920.

Huang V，Javed M. 2008. Semantic sensor information description and processing. Second International Conference on Sensor Technologies and Applications：456-461.

Kambhampati S，Nambiar U，Nie Z，et al. 2002. Havasu：a multi-objective，adaptive query processing framework for web data integration. Arizona State University Technology Reports：2-5.

Knoblock C A. 1995. Planning，executing，sensing，and replanning for information gathering. Fourteenth International Joint Conference on Artificial Intelligence：1686-1693.

Kopanas I，Avouris N M，Daskalaki S. 2002. The role of domain knowledge in a large scale data mining project. Hellenic Conference on Ai：Methods and Applications of Artificial Intelligence：288-299.

Ksiezyk T，Martin G，Jia Q. 2001. InfoSleuth：agent-based system for data integration and analysis. International Computer Software & Applications Conference on Invigorating Software Development：474-476.

Kumar V，Burger A. 1992. Performance measurement of main memory database recovery algorithms based on update-in-place and shadow approaches. IEEE Transactions on Knowledge and Data Engineering，4（6）：567-571.

Landauer T，Dumais S. 2013. Latent semantic analysis. Wiley Interdisciplinary Reviews Cognitive Science，4（6）：683-692.

Levy E，Silberschatz A. 1992. Incremental recovery in main memory database systems. IEEE Transactions on Knowledge and Data Engineering，6（7）：509-516.

Liu B，Lee W S，Yu P S，et al. 2002. Partially supervised classification of text documents. Ninetheenth International Conference on Machine Learning：387-394.

Liu Y，Xu C，Pan Y. 2005. A new approach for data fusion：implement rough set theory in dynamic objects distinguishing and tracing. IEEE International Conference on Systems，4：3318-3322.

Luca M，Zervas G. 2016. Fake it till you make it：reputation，competition，and yelp review fraud. Harvard Business School Working Papers，62：3412-3427.

Maja D H，Theo D H. 1999. Is domain knowledge an aspect. Department of Computer Science，4（11）：34-57.

Mayzlin D，Dover Y，Chevalier J. 2014. Promotional reviews：an empirical investigation of online review manipulation. The American Economic Review，104（8）：2421-2455.

Mcguinness D L，Harmelen F V. 2016-08-01. OWL web ontology language. http://www. w3.org/TR/owl-features/.

Prud'Hommeaux E，Seabome A. 2013. SPARQL Query Language for RDF. http://www.w3.org/ TR/rdf-sparql-query/.

Ray S，Scott S，Blockeel H. 2011. Multi-instance learning. Encyclopedia of Machine Learning，Springer US：701-710.

Sequeda J，Corcho O，Gómez-Pérez A. 2009. Generating data wrapping ontologies from sensor networks：a case study. In Proceeding of the 2nd International Workshop on Semantic Sensor Networks：122-134.

Smirnov A，Levashova T，Shilov N. 2015. Patterns for context-based knowledge fusion in decision support system. Information Fusion，21（1）：114-129.

Su X，Riekki J. 2010. Bridging the gap between semantic web and networked sensors：a position paper. In Proceeding of 3nd International Workshop on Semantic Sensor Networks.

Surdeanu M，Tibshirani J，Nallapati R，et al. 2012. Multi-instance multi-label learning for relation extraction. Joint Conference on Empirical Methods in Natural Language Processing & Computational Natural Language Learning：455-465.

Toma I，Simperl E，Hench H. 2009. A joint roadmap for semantic technologies and the internet of things. In Proceeding of the Third STI Roadmapping Workshop：1-5.

Wu J，Liu H，Xiong H，et al. 2015. K-Means-Based consensus clustering：a unified view. IEEE Transactions on Knowledge and Data Engineering，27（1）：155-169.

Wu X，Zhang S. 2003. Synthesizing high-frequency rules from different data sources. IEEE Transactions on Knowledge and Data Engineering，15（2）：353-367.

Wu X，Zhu X，Wu G，et al. 2014. Data mining with big data. IEEE Transactions on Knowledge and Data Engineering，26（1）：97-107.

Yan T，Kumar V，Ganesan D. 2010. Crowdsearch：exploiting crowds for accurate real-time image search on mobile phones. In MobiSys：77-90.

Zhang M，Zhou Z. 2007. ML-KNN：A lazy learning approach to multi-label learning. Pattern

Recognition，40（7）：2038-2048.

Zhou Z，Zhang M，Huang S，et al. 2012. Multi-instance multi-label learning. Artificial Intelligence，176（1）：2291-2320.